数据资源管理方法与技术

主 编 吴 桐

参 编 杨 昱 亓统帅 钱苏敏 张岩岫

主 审 林 欢

西安电子科技大学出版社

内 容 简 介

　　本书是数据管理领域的专业技术指南，书中从基础概念出发，全面系统地介绍了数据资源管理的原理、方法与技术。首先，本书在介绍数据资源管理的基本概念、发展历程、规划方法和管理模式等的基础上，详细论述了数据建模方法和数据治理方法，从而可对数据模型的组成、类型和建模方法及数据标准管理、数据质量管理等有一个基本认识；然后，深入讲解了数据采集、数据处理、数据存储、数据分析等关键技术；最后，以电信运营服务为典型案例，进行了应用分析。通过本书，读者可以获得对数据管理技术全景的深入理解，并能够应用这些技术来解决实际问题，为数据管理工作作出贡献。

　　本书可作为计算机科学与技术、数据工程、软件工程、信息系统管理等相关专业的教材，也可供数据管理领域的相关人员参考。

图书在版编目（CIP）数据

数据资源管理方法与技术 / 吴桐主编. -- 西安：西安电子科技
大学出版社, 2024. 12. -- ISBN 978-7-5606-7471-1

　　Ⅰ. TP274

中国国家版本馆 CIP 数据核字第 2024QA4757 号

策　　划　刘玉芳
责任编辑　许青青
出版发行　西安电子科技大学出版社（西安市太白南路 2 号）
电　　话　（029）88202421　88201467　　　邮　　编　710071
网　　址　www.xduph.com　　　　　　　　电子邮箱　xdupfxb001@163.com
经　　销　新华书店
印刷单位　陕西日报印务有限公司
版　　次　2024 年 12 月第 1 版　　2024 年 12 月第 1 次印刷
开　　本　787 毫米×1092 毫米　1/16　印 张　13
字　　数　265 千字
定　　价　39.00 元
ISBN 978-7-5606-7471-1
XDUP 7772001-1
*** 如有印装问题可调换 ***

前　言

PREFACE

随着互联网的快速发展和信息化的广泛应用，数据资源已经成为经济社会发展的基础性战略资源，并催生了规模巨大、复杂多样的"大数据"。管理好、应用好这些数据资源已成为一个重要的问题。目前数据资源管理技术已经融入社会生产、生活的各个领域，成为企业和一些组织日常运营的关键部分，其内容涉及数据规划、治理、采集、处理、存储、分析等多个方面。

数据资源管理技术的发展是多领域、多技术交叉融合的结果，它的发展不仅推动了企业的数字化转型和创新发展，也对社会的信息化进程产生了深远影响。因此，本书涉及的技术内容较为广泛，涵盖了计算机科学与技术、数据工程、软件工程、网络工程等领域知识，每个章节都需要大量的背景知识和参考材料作为辅助。编者希望本书的内容可以为广大读者提供数据资源管理技术的全面知识，引领读者对数据资源管理方法与技术进行深入思考和讨论。

本书共计 10 章。其内容安排的基本思路是首先介绍数据资源管理的相关概念与方法模式，然后介绍数据建模方法与数据治理方法，再按照数据治理、数据采集、数据处理、数据存储、数据分析等各技术领域逐一介绍相关概念、原理、方法与技术内容，最后给出数据资源管理的典型应用案例。具体各章节内容安排如下：

第 1 章为数据资源管理概述，主要介绍数据资源管理的基本概念、特征、发展历程以及数据资源管理的内容。

第 2 章为数据资源规划，主要介绍数据资源规划的定义、发展、原则、过程和方法。

第 3 章为数据资源管理模式，主要介绍数据资源管理的难点、组织机构、组织模式、工作制度、管理机制、队伍建设和实践步骤。

第 4 章为数据建模方法，主要内容包括数据建模概述、数据模型组成、数据建模方法和数据模型描述方法。

第 5 章为数据治理方法，主要内容包括数据治理概述、数据标准管理、数据质量管理、主数据管理、元数据管理、数据元管理、数据分类与编码和数据生命周期管理。

第6章为数据采集技术，主要内容包括数据采集概述、人工数据采集技术、直连数据库采集技术、串口数据采集技术、系统日志采集技术、消息队列数据采集技术、网络数据采集技术、感知设备数据采集。

第7章为数据处理技术，主要内容包括数据处理概述、数据预处理方法、ETL技术。

第8章为数据存储技术，主要内容包括数据存储概述、数据存储架构，以及RAID技术、数据库存储技术和分布式数据库技术。

第9章为数据分析技术，主要内容包括数据分析概述、数据特征建模、数据分析方法、数据计算处理、数据可视化。

第10章为数据资源管理典型案例，以电信运营服务为例，按照数据资源体系设计、数据采集内容设计、数据处理内容设计、数据存储内容设计、数据分析内容设计的顺序分析了数据资源管理方法的典型应用。

本书由长期从事数据应用领域研究且具有组织或主持多项大型数据工程实践经验的人员撰写，它的完成是课题组的集体劳动成果。全书由吴桐组织编写并编写了第1～5章，杨昱编写了第6、10章，亓统帅编写了第7章，钱苏敏编写了第8章，张岩岫编写了第9章。林欢、冯涛、葛启东等专家审阅了全书，并提出了许多修改意见。杨海强、江良剑、刘志林、谢伟朋等为本书的编写提供了力所能及的帮助。

由于编者水平有限，书中难免存在不妥之处，欢迎广大读者批评指正。

编　者
2024年4月

目 录

CONTENTS

第 1 章　数据资源管理概述

1.1　基本概念

1.1.1　数据的定义

对数据的理解不同，对数据定义的描述也不同。在各种标准规范及专著中，对数据的定义主要有两个方面：① 数据反映的是客观事实；② 数据是一种表达方式。综合上述两方面关于数据的定义，本书认为：数据是现实世界客观事物的符号记录，是信息的载体，是计算机加工的对象。

数据是客观世界被感知的产物，也是现实信息的反映，其代表着对某件事物的描述，可以记录、分析并重组事物。自然的演变、人类的活动、社会的运转驱动着数据产生，并通过对现实世界的要素进行采集与记录，以合适的载体进行表达，由此逐渐发展成人类可知、可用的信息。

1.1.2　数据资源的定义

在科研和应用领域，对数据资源的定义主要有两个方面：① 数据资源反映数据的产生、加工、存储和使用等整个业务过程；② 数据资源是数据的组织、集合和服务。综合上述两方面关于数据资源的定义，本书认为：数据资源是指包括数据、信息、数据库系统以及构建于其上的服务在内的所有内容。

数据资源涉及数据的产生、加工、存储和使用等整个过程，包括数据本身、数据管理工具(计算机与通信技术)和数据管理专业人员等。数据资源的主体是数据，数据在从产生、利用到消亡的过程中被赋予价值并被评估和利用。数据资源具有资源属性，它可以存储"能量"，加以有效管理和挖掘即可发挥效用，服务于人类和社会的发展。数据资源与信息化的结合，推动了数据资源的共享和传播，使其在有限的时间和空间内能够复制和扩散大量的有效信息。

1.1.3   数据资源管理的定义

数据资源管理是以数据为主体，应用信息技术和软件工具，按照顶层规划设计与系列标准规范，对数据进行采集、处理、存储与分析等一系列管理活动，可为数据提供标准化、科学化、可持续的生存和成长空间。

数据资源管理本质上是对数据进行资源化管理，它是依托于数据生命周期，对数据进行有效的提炼，将其转换为数据资源并加以利用的过程。数据的资源化首先离不开数据，贯穿了数据从产生至应用的整个过程，是一种针对数据进行主动管理的过程策略。

1.2   数据资源的特征

数据资源是一类复杂的，跨地域、跨领域、跨层级的组合体，产生渠道广泛，携带有现实世界和主观活动的信息，具有隐含的内在应用价值，但不具备统一的结构规范。数据资源主要具有以下特征：

(1) 价值传递。

数据资源具有价值，但很多时候其价值密度很低或仅包含极小的价值量，因此需要对其进行清洗、去冗等处理，以抽取有意义的内容。可通过模型将数据映射至特征维度进行提炼，从而对数据进行压缩和增值，以获取价值密度更高的有用信息。数据资源作为一种可再生的无限资源，其价值具有可传递性，且不会损耗，在传递过程中有可能创造出更大的价值。

(2) 时空流通。

数据资源不是可被感知到的具体事物，它可以被他人几乎零成本地、快速地、无次数限制地复制，可以跨越时空限制而为社会公众所共享、共用，且不会发生有形的损耗。时空流通特征为数据资源赋予了新的意义，使得数据资源不再局限于各自为政的所有者，而是开启了沟通传播的大门，方便了数据资源的交流和共享。

(3) 继以求新。

数据资源自产生起便不断累积、扩展，通过载体得以记录、保存并流传下来，这使得人们在认知事物和世界时无须从零开始，可以在已有材料的基础上进行归纳和创新等。数据资源形成和流通的过程意味着数据资源总是处于变化之中，在流通过程中的每一个事物特征和活动状态也都可能形成新的数据资源，或赋予其新的时代意义，进而累积更多资源，达到持续传承的目的。

(4) 社会依赖。

数据资源作为一种社会资源，拥有社会属性，服务于社会和大众。数据资源是在一定区域经济基础上产生的，依赖于社会发展程度和感知对象，因此质量有所差异。在一定程度上，社会的发展与数据资源也有着密切的关系，数据资源作为一种社会财富，人们对其的充分利用，将影响着社会的发展轨迹。

(5) 开放共享。

数据资源的开放共享是数据价值发挥的关键因素。数据资源的产生不是相互独立的，这是因为单一的数据资源无法支撑起依靠数据驱动的业务运作与管理。数据资源的价值不只局限于自身所包含的信息，更依赖于数据资源之间的互通互联，以达到 1+1 大于 2 的效果。数据开放与共享的实施既是一个技术过程，又是一个管理过程，只有打破数据壁垒，拔掉数据烟囱，连通数据孤岛，安全整合数据资源，让数据资源得以流动和共同利用，才能推动事物发展，促进精细化管理转型。

(6) 动态精准。

随着互联网与物联网技术的应用推广，数据感知和获取能力日益增强，使数据处于动态的生成和变化中，这赋予了数据资源时效性特征。静止的数据资源已经无法满足对现实世界的真实反馈，而依赖于采集、传输和处理技术的进步，数据资源的动态特性得以展现。数据资源在时间维度上并不是永久有效的，而是具有一定的生命周期。动态的产生机制不仅使得数据资源能够及时反馈信息，而且支持对信息内容的更新，使得数据资源始终维持着新鲜的活力并保持着精准的价值。

(7) 领域广泛。

数据资源的产生与自然进程和社会发展息息相关，其应用亦可反过来推动科学的进步和生产力的提高。数据资源在流转过程中覆盖的领域与人类文明相交织，从现实到虚拟、从传统行业到新兴产业，都是数据资源产生和应用的领域。目前较典型的领域或行业包括金融、医疗、教育、民生、零售、交通、社交、传媒、生态、科研、军事等，这些领域或行业在业务运行过程中时刻产生和使用着本领域或本行业内外的数据资源，形成了一张数据资源的关系网络，使各行各业在数据生态系统中协同运转。

(8) 类型多样。

数据资源在类型上具备多样性，包括文本、表格、多媒体及空间数据等。多类型结合的表达方式让数据资源更加立体，能够承载包罗万象的内容。同时，数据资源类型的多样性使得数据结构不一，既存在结构化数据，也存在半结构化和非结构化数据，这对数据资源的存储和管理都提出了更高的要求。

(9) 体量庞大。

数据资源是数据累积产生的，计算机技术的发展和信息化时代的到来更是大大加快了数据产生的速度。另外，大量传感器、用户终端与信息系统等不断地进行数字化记录，各类数据正以前所未有的速度不断增长和积累，大型数据集从太字节(TB)级别跃升到拍字节(PB)乃至泽字节(ZB)级别。各种数据产生速度之快，产生数量之大，已经远远超出可以控制的范围,"数据爆炸"成为当今时代的鲜明特征。

1.3 数据资源管理的发展历程

伴随着计算机科学与技术的发展,数据资源管理的发展历程如图 1-1 所示。

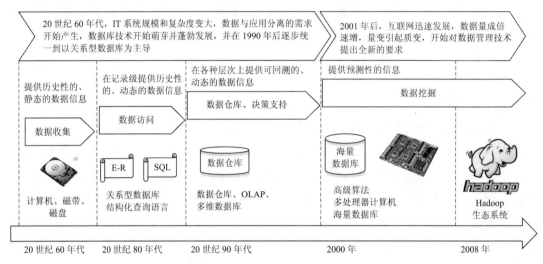

图 1-1　数据资源管理的发展历程

1.3.1 人工管理阶段

20 世纪 50 年代中期,计算机主要用于科学计算,使用的外存储器主要为磁带、卡片和纸带。人们通过穿孔卡片控制计算机进行数据处理,并将结果打印在纸上或者制成新的穿孔卡片。这时的数据资源管理的实质就是对所有这些穿孔卡片进行物理存储和处理。

在人工管理阶段,数据不在计算机上保存,并且一组数据只对应一个应用程序,应用程序与其处理的数据结合成一个整体,在进行计算时,系统将应用程序和数据一起装入,程序运行结束后释放内存空间,程序和数据同时被撤销。应用程序设计者不仅要考虑数据之间的逻辑关系,还要考虑存储结构存取方法以及输入方式等。如果存储结构发生变化,读写数据的程序也要发生改变,数据没有独立性。

1.3.2 文件系统阶段

20 世纪 60 年代中期,计算机不仅用于科学计算,也大量用于经营管理活动。随着数据与应用分离的需求开始产生,IT 系统规模和复杂度变大。随着 1956 年 IBM 生产出第一个磁盘驱动器,即 IBM 305 RAMAC,人们开始将数据组织成一个数据文件长期保存在磁盘上。使用磁盘最大的好处是可以随机地存取数据,而穿孔卡片和磁带只能顺序存取数据。

在文件系统阶段，数据可长期保存在磁盘上，用户可通过文件管理系统对文件进行查询、修改、插入或删除操作。文件管理系统提供程序和数据之间的读写方法，是应用程序与数据文件之间的一个接口。应用程序通过文件管理系统建立和存储文件；反之，应用程序要存取文件中的数据，必须通过文件管理系统实现。用户不必关心数据的物理位置，程序和数据之间有了一定的独立性。

1.3.3　数据库管理系统阶段

20 世纪 60 年代后期，计算机开始广泛地应用于数据管理，对数据的共享也提出了越来越高的要求。传统的文件系统已经不能满足大量应用和用户对数据的共享性与安全性等需求，能够统一管理和共享数据的数据库管理系统(DataBase Management System，DBMS)应运而生。1968 年，IBM 公司研制成功数据库管理系统，标志着数据管理技术进入了数据库阶段。1970 年，IBM 公司研究员 E. F. Codd 连续发表了相关论文，奠定了关系数据库的基础。

在数据库管理系统阶段，数据通过数据库管理系统完成访问与共享，而数据库管理系统对外提供了方便、统一的接口。对于外部系统来说，数据库中的数据结构是透明的，任何应用程序都可以通过标准化接口访问，可以使用数据库管理系统提供的查询语言和交互式命令操作数据库。数据库管理系统较文件管理系统来说具备较高的数据独立性。

1.3.4　数据仓库与数据挖掘阶段

20 世纪 90 年代，随着数据库管理系统与信息系统技术的逐步成熟，企业积累的数据量快速增长，利用关系数据库进行联机处理分析仅能满足单一或局部的统计与分析需求，而简单的查询和统计已经无法满足企业的商业需求，不同业务系统的数据无法实现综合应用分析。1993 年，W. H. Inmon 在 *Building the Data Warehouse*(《构建数据仓库》)文章中系统地对数据仓库进行了定义，之后 IT 厂商陆续开始构建商用数据仓库产品。数据仓库通过建立逻辑视图模型与多维数据库的方法，综合集成业务系统分离的数据库，可重组形成面向分析挖掘主题的统一格式数据集。并且伴随着数据仓库概念的提出，IBM 公司研究员 E. F. Codd 在 1993 年发表的文章中提出了联机分析处理(On-Line Analytical Processing，OLAP)的概念。随后联机事务处理与数据挖掘技术逐步成熟，相关商用智能工具与数据分析产品陆续投入商用。

数据仓库与数据挖掘阶段主要关注数据的综合应用，即从数据集合中分析挖掘出隐藏在大量数据中的规则、概念、规律及模式等有价值的信息。数据仓库与数据挖掘融合了数据库、人工智能、机器学习、统计学、模式识别、数据可视化和信息检索等多个领域的理论和技术，主要解决了数据的综合应用与分析问题。

1.3.5　Hadoop 生态系统阶段

21 世纪初期，随着 Web 2.0 技术应用的迅猛发展，非结构化数据大量产生，传统数据处理方法难以应对，从而带动了大数据技术的快速突破。2003 年前后，谷歌公司发表了论文 *The Google File System*(《GFS 分布式文件系统》)及 *MapReduce：Simplified Data Processing on Large Clusters*(《MapReduce：大规模集群的简化数据处理》)。大数据解决方案逐渐走向成熟，形成了并行计算与分布式系统两大核心技术，Hadoop 生态系统开始逐步走向商业，很多公司开始提供基于 Hadoop 的商业软件、支持、服务以及培训等面向大数据的系列解决方案。

Hadoop 生态系统阶段主要解决海量数据的采集、存储和分析计算等问题，并从海量数据中发现价值。面向大数据的大量、高效、多样及低价值密度等特征，形成了并行计算框架、分布式文件系统、分布式数据库、分布式协调服务框架、分布式数据仓库处理工具及数据流处理工具等系列产品。

1.4　数据资源管理的内容

数据资源管理主要包含数据资源治理规划与数据资源过程管理两个层面的内容。数据资源治理规划主要是面向顶层管理者，目的是完成对数据资源的顶层规划，如管理框架设计、标准规范制订与标准化治理；数据资源过程管理主要是面向各个环节的管理执行者，主要完成数据的采集、存储、共享与应用等环节的实施与管理。

1.4.1　数据资源治理规划

数据资源治理规划是数据资源管理的顶层设计，主要包括数据资源规划、管理方法制订、数据建模设计与数据治理落地，为数据采集、处理、存储、应用等过程管理提供基本依据。

(1) 数据资源规划。

数据资源规划是数据标准规范、治理实施、数据建模与资产管理等工作的前置环节和必要条件，主要是为支撑核心业务应用的整体数据需求、数据管理、辅助决策等目标，对整体数据资源进行规范化设计与统筹建设。

(2) 管理方法制订。

管理方法制订是形成数据资源过程管理的管理模式与配套标准规范依据，当数据作为核心资产管理时，需要配备专门的管理机构、管理人员、标准规范等相应的管理体系与架构，包括组织机构架构、管理工作制度、运行维护方法与配套队伍建设等相关内容。

(3) 数据建模设计。

数据建模设计是数据资源建设与信息系统建设质量的重要保证，主要完成对核心业务应用数据的抽象组织与数据库实例转化，主要包含概念模型、逻辑模型与物理模型的构建，既需要准确地反映客观事实，还需要符合数据库设计理论的要求和客观规律。

(4) 数据治理落地。

数据治理落地是对数据管理的高层次计划进行控制，是基于数据资源规划、管理方法与数据模型等相关内容，将数据以资产化与标准化的方式进行规划、监视与执行等，主要包括元数据管理、数据分类与编码以及数据标准化等内容。

1.4.2　数据资源过程管理

数据资源过程管理是依托于数据生命周期，将数据进行有效的提炼并转化为数据资源且加以利用的过程，主要包含数据采集、处理、存储和应用。

(1) 数据采集。

数据采集是数据生命周期的第一个环节，它伴随着数据的产生而进行感知、记录，是从系统外部采集数据并输入到系统内部的接口工具。

(2) 数据处理。

数据处理是解决数据采集携带信息的复杂性和质量的不稳定性问题的关键所在，主要通过数据清洗、抽取、转换等环节，对庞杂的信息进行精简，对垃圾内容进行清除，以保证数据的准确性、完整性、一致性和唯一性。

(3) 数据存储。

数据存储是数据资源管理的基石，它主要将信息以各种不同的形式存储起来，通过电子文档、文件系统、数据库等方式集合、存储与管理数据。

(4) 数据应用。

数据应用是发挥数据资源价值的关键所在，它主要通过数据特征建模、分析方法设计、数据计算处理、数据可视化等过程形成定制化数据产品。

第 2 章　数据资源规划

2.1　数据资源规划概述

2.1.1　数据资源规划的定义

数据资源规划是对数据资源的顶层设计，即根据对企业业务活动数据需求分析的结果，通过指定配套的数据标准规范，构建数据分类体系，设计数据部署方案，制订权限管理方案，分析和策划硬软件工具平台，为数据采集、处理、存储、分析提供基本依据。

2.1.2　数据资源规划的发展

20 世纪 60 年代至 70 年代，以美国为首的一些信息技术发达国家出现了"数据处理危机"问题。最初他们使用计算机实现数据批处理，如工资计算、单据汇总、库存盘点等，后来逐步实现日常数据处理，如生产统计、库存控制等。随着管理和用户需求的提高，需要把各个系统的信息互连起来。这时，人们发现了分散开发带来的严重后果：为了把系统集成起来，需要大面积地修改遗留软件，重新组织数据结构，其耗费的人力和资金比重新建立还要多。美国 20 世纪 80 年代初的统计表明，全国每年软件维护费耗资 200 亿美元，这就是所谓的"数据处理危机"。

以詹姆斯·马丁为代表的美国学者，总结了这一时期数据处理方面的正反经验，提出了 *Strategic Data Planning Methodologies*(《战略数据规划方法论》)，其对战略数据规划从基础理论到具体方法进行了详细阐述。此后其经过 10 年发展，结合软件工程领域中面向对象的主流技术，形成了面向对象信息工程(Object-Oriented Information Engineering，OOIE)。面向对象信息工程将企业管理信息系统建设划分为四个阶段，如图 2-1 所示。其中最重要的阶段为企业数据规划阶段，由高层管理人员直接参与，采用全局的观点识别企业目标和关键成功因素，研究关键业务流，划分业务域，构思全企业范围的集成问题。由此，数据规划方法论把数据的地位提升到更高的层次。

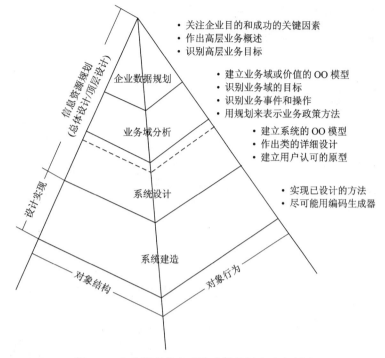

图 2-1　企业管理信息系统建设的四个阶段划分

2.1.3　数据资源规划的原则

数据资源建设涉及的部门多，内容复杂，建设难度大，因此需要在数据资源规划的各个方面与环节进行科学筹划和指导，在统一的原则下指导相关的数据资源规划工作，以提高数据资源建设水平，充分发挥数据资源规划的质量效益。数据资源规划具体需要遵照以下几个原则。

(1) 领导原则。

数据资源作为除物质、能源之外的又一重要资源，在企业业务活动中处于举足轻重的地位，因此数据资源规划将涉及企业的长远发展和管理过程的改革与重塑，高层领导需要亲自规划数据资源建设的发展思路与方向。

(2) 协调原则。

在数据资源建设过程中，需要对组织流程与部门职能进行相关调整，业务部门往往会从自身需求出发进行抵触，这也需要高层领导从全局角度来协调各方关系。因此，数据资源规划需要协调好各级业务部门与企业整体的关系、业务职能人员与数据建设人员的关系、个人业务支撑与团队建设的关系等。

(3) 控制原则。

数据资源规划的目标与职能需要有明确的界定。一方面需要对其管理的内容进行细化控制，即需要对各部门涉及的数据范畴进行规划分析，处理好分解与集合、粗与细的关系；

另一方面需要认真执行统一的标准规范，保证在理解上与执行时数据资源建设的统一性与一致性，从而降低开发运维成本与时间。

2.2 数据资源规划过程

数据资源建设由于其特殊性，不同于一般信息系统领域的建设，它对数据资源建设的规划需要涉及多层级的业务部门、多方向的建设内容与多需求的建设过程。一般将数据资源规划过程分为多级多部门数据资源规划过程和单个部门的数据资源规划过程，分别如图2-2与图2-3所示。

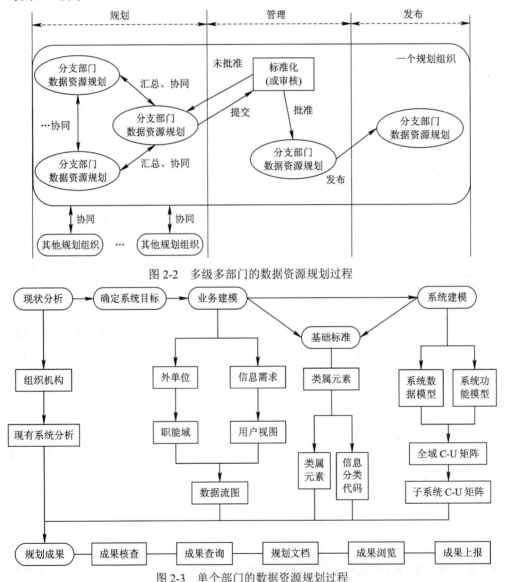

图 2-2   多级多部门的数据资源规划过程

图 2-3   单个部门的数据资源规划过程

多级多部门数据资源规划过程主要分为规划、管理与发布三个过程，其核心在于各分支部门的资源规划内容的统筹，一般该项工作由数据建设部门主导。单个部门数据资源规划过程主要是在多级多部门数据建设需求的基础上，先确定总体目标，然后分为现状分析、系统建模、基础标准、成果上报等阶段进行规划。

2.3　数据资源规划方法

目前主流的数据资源规划方法有三个：基于稳定信息过程的数据资源规划方法、基于稳定信息结构的数据资源规划方法、基于指标能力的数据资源规划方法。下面对它们的基本思路与方法步骤进行具体介绍。

2.3.1　基于稳定信息过程的数据资源规划方法

1. 基本思路

基于稳定信息过程的数据资源规划方法的核心是根据业务流程需求开展配套的数据模型与数据资源的构建，关键是将业务过程、需求分析、数据建模与资源建设等要素紧密结合起来。在进行数据资源规划的时候，首先要根据业务需求与工作内容划分出"职能域"，然后由业务人员和系统分析员组成一些小组，分别对各个职能域进行业务和数据的调研分析，进而建立企业管理信息系统的功能模型和信息模型，并以模型为载体构建整个信息化建设的逻辑框架。

基于稳定信息过程的数据规划方法比较符合用户的思维习惯，应用时间较长，但对现行业务过分依赖，致使当现行业务具有某些缺陷并在将来发生变化时，需要对所得到的组织业务模型与信息模型进行修改以适应这种变化。

2. 方法步骤

基于稳定信息过程的数据资源规划方法的步骤分为系统功能构建与数据建模两条主线，并且这两条主线在需求分析与逻辑建模上具有一定的映射关系，如图 2-4 所示。

(1) 定义职能域。职能域是指企业组织中主要的业务活动领域，是对该领域中一些主要业务活动的抽象，包含职能内容、业务范围和主要管理活动领域。

(2) 分析各职能域业务。分析各职能域业务是指分析、定义各职能域所包含的业务过程，识别各业务过程所包含的业务活动，形成由"职能域—业务过程—业务活动"三层结构组成的业务模型。

(3) 分析各职能域数据。分析各职能域数据是指对每个职能域绘出一、二级数据流程图，从而搞清楚职能域外、职能域之间、职能域内部的信息流，并分析和规范化用户视图，进行各职能域的输入、存储、输出数据流的量化分析。

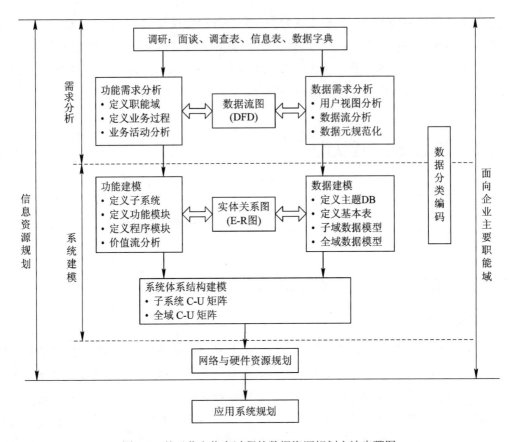

图 2-4　基于稳定信息过程的数据资源规划方法步骤图

(4) 建立各职能域的数据资源管理基础标准。这些标准包括数据元素标准、数据分类与编码标准、用户视图标准、概念数据库和逻辑数据库标准。

(5) 建立信息系统功能模型。建立信息系统功能模型是指在业务型的基础上，对业务活动进行细化分析，并综合现有应用系统程序模块，建立系统功能模型。系统功能模型由"子系统模块—功能模块—程序模块"三层结构组成，是新系统功能结构的规范化表述。

(6) 建立信息系统数据模型。信息系统数据模型由各子系统数据模型和全域数据模型组成，数据模型的实体是"基本表"，这是由数据元素组成的达到"第三范式"的数据结构，是系统集成和数据共享的基础。

(7) 建立关联模型。将功能模型和数据模型联系起来，就是系统的关联模型，它对控制模块开发顺序和解决共享数据库的"共建问题"均有重要作用。

2.3.2　基于稳定信息结构的数据资源规划方法

1. 基本思路

基于稳定信息结构的数据资源规划方法的核心是建立"核心数据集"，并将"核心数据集"转换为满足不同的使用者需要的输出信息结构与目标数据集。该方法通过对目标任务的确定与分解指导数据集整编，然后通过数据项审查、主题数据集审查以及信息关系分析，从数据的角度得到组织的信息模型，通过数据的流程对应地分析出组织的业务，这是一种从组织信息关系到业务过程的认识过程。

基于稳定信息结构的数据资源规划方法减少了对业务内容的依赖。由于数据及其关系对于组织来讲是稳定的，因此通过信息关系分析组织的信息以及由信息模型得到的组织逻辑业务过程，通常不会由于现行业务过程的变化而发生改变，从而在最大限度上保持了模型的稳定性。

2．具体步骤

基于稳定信息结构的数据资源规划方法的步骤分为"确定目标和系统边界—获取初始数据集—建立核心数据集—完善目标数据集—建立信息模型"，如图 2-5 所示。

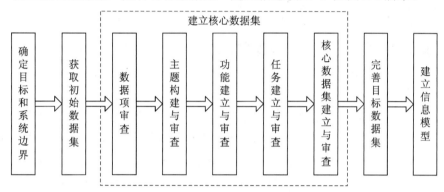

图 2-5　基于稳定信息结构的数据资源规划方法步骤图

(1) 确定目标和系统边界。完成对组织功能与目标任务的分解，以此为依据确定初始数据集收集范围与目标。

(2) 获取初始数据集。依据目标与系统边界分析结果，确定初始数据集收集范围；面向业务信息系统的每一个功能项，逻辑分析并映射出其对应的数据项，作为逻辑分析的基础。

(3) 数据项审查。对收集到的单个数据项进行审查，确保信息模型的各个数据项概念正确，精度足够，采集方便。如果达不到要求，则进行适当修正。

(4) 主题构建与审查。构建数据主题就是根据数据项关系进行适当的排列组合，形成数据主题，主题审查就是检查主题及其集合指标是否达到满意程度，并给出相应结论。

(5) 功能建立与审查。在完成数据主题的基础上，需要对每一个主题及其对应的功能应用进行审查，即确定主题能否支持特定功能。功能的建立是根据主题集确定其能完成功能集的过程；功能的审查是检查功能及其集合是否达到满意程度的过程，并给出改进。

(6) 任务建立与审查。任务是通过一个或若干个功能的动态组合，达到特定目标的过程。功能与主题是多对多的关系。功能是直接对数据进行操作的部分，任务是功能的集合；任务审查是检查是否可满足用户使用目标的过程，并给出相关功能内容及组合方式的优化建议。

(7) 核心数据集建立与审查。核心数据集是具有一定功能的、支持一定任务的、能实现组织目标的数据集合。建立核心数据集的过程是：在主题集的基础上进行功能与任务分析，并逐步将其完善。核心数据集的审查是指检查其达到规定指标的程度，并给出通过、改进、删除等结论。

(8) 完善目标数据集。目标数据集是能够满足用户界面各种需要的数据集，是由核心数据集经过一定的变换得到的。完善目标数据集的过程也是用户需求的实现过程。如果存在核心数据集不能满足目标数据集要求的情况时，需要重复之前各步骤，以使其达到规定的要求。

(9) 建立信息模型。信息模型抽象地反映了组织运作过程中信息的流动过程，也就是数据资源规划的结果和归宿。建立信息模型是指根据数据之间的逻辑关系，找出信息的逻辑流程的过程，也是用这些逻辑过程连接各数据集合的过程。

2.3.3 基于指标能力的数据资源规划方法

1. 基本思路

基于指标能力的数据资源规划方法以"决策—指标—数据模型"分析为切入点，反推出能够支持目标决策应用的核心数据集。为了精准评估各种能力，做出正确适当的决策，应对组织各项能力进行评估与决策，制订配套的评估指标体系。在指标体系中，通过对指标的分析拆解，可形成各类型指标的映射数据模型；通过分析映射数据模型对应的数据集并将其整理合并，可形成目标数据集。

基于指标能力的数据资源规划方法不需要关心具体的业务流程，也不需要收集大量的初始数据集。在规划过程中每一步分析的数据信息都是有方向的，服务于最终的能力评价、决策制订等。在该方法中，比较重要的任务是建立正确的指标体系。指标体系是否合理决定了能力评价和决策制订的正确程度，也关系到是否能够分析出有意义的关联数据。

2. 具体步骤

基于指标能力的数据资源规划方法的步骤分为"决策评估搜集—建立核心指标集—建立核心数据集—完善目标数据集—完成数据资源规划"，如图 2-6 所示。

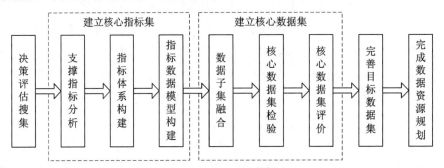

图 2-6 基于指标能力的数据资源规划方法步骤图

(1) 决策评估搜集。搜集和分析各项能力与决策的需求，将这些能力和决策分类细化，以方便支撑指标的分析。

(2) 支撑指标分析。由于能力评估、决策制订与数据之间需要各种指标作为连接的桥梁，因此需要根据能力评估和决策制订的需要，制订出相应的支撑指标。

(3) 指标体系构建。围绕支撑指标内容，通过分类组合等方法进行系统化设计，构建指标体系。

(4) 指标数据模型构建。细化后的指标体系已经较为具体，根据这些具体指标，建立对应的信息逻辑模型。在这些模型中，分析并定义必要的数据元素，从而可构成各项指标的数据子集。

(5) 数据子集融合。建立每个数据模型的数据子集后，根据指标体系的层次结构，向上回溯，合并、融合同一层次的各项指标的数据集合。

(6) 核心数据集检验。在数据子集不断合并、融合的过程中，各个具体指标所对应的数据项之间可能会存在重复。如果这些重复的数据项表达意义一样，需要做去重处理。

(7) 核心数据集评价。形成的数据集是否能够正确支撑能力评估和决策制订，需要从评估应用效果、成果展现、数据内容等多个维度对数据质量与治理情况进行评价。

完善目标数据集和完成数据资源规划前面已介绍，这里不再赘述。

2.3.4　数据资源规划方法的比较

如上文所述，三种数据资源规划方法各自有不同的特点与应用场景，具体内容见表 2-1。

表 2-1　三种数据资源规划方法比较表

数据资源规划方法	理论支撑	优 点 与 缺 点	应用场景
基于稳定信息过程的数据资源规划方法	信息工程论	优点：理论成熟、易理解、实现难度不大； 缺点：步骤复杂、涉及因素多、数据稳定性较差	业务场景相对固定，前期数据积累较少
基于稳定信息结构的数据资源规划方法	数据工程论	优点：理论较成熟、实施周期较短、数据稳定性好； 缺点：全局设计后置、初期工作量大、并行工作组织难度大	业务场景经常变化，前期数据积累较多
基于指标能力的数据资源规划方法	多理论融合	优点：直接支撑决策需求、设计思路清晰、数据稳定性好； 缺点：实现案例少、实施难度大、对设计人员要求高	业务场景涉及决策，前期数据积累较少

第 3 章　数据资源管理模式

3.1　数据资源管理的难点

数据资源位于数据价值链和核心竞争力的最上游，在未来的产业竞争中，起着至关重要的作用。如果不能对数据资源进行有效的管理和治理，庞大的数据资源将会成为管理的负担，而不能形成有价值的资产。传统的企业 IT 管理中存在以下问题阻碍着数据资源发挥其有效价值：

(1) 数据资源管理意识淡薄：没有认识到数据的重要性，没有建立数据资源是核心资产的意识，管理层尚未达成数据战略共识，业务部门等数据使用者缺少有效的数据应用方法，更多关注的是业务流程应用方面。

(2) 数据资源管理与业务发展存在裂痕：数据资源管理与实际业务存在"脱节"情况，未在发展规划中给予数据资源管理应有的组织地位与资源配置，同时数据资源管理团队与业务团队缺乏有效协同机制，使数据资源管理团队不清楚业务需求，业务团队不知道如何参与数据资源管理工作。

(3) 不注重数据质量：由于数据质量参差不齐，数据没有进行系统的转换、清洗、校验和结构梳理，导致"垃圾"数据流入大数据平台，并且数据质量规则并未得到数据生产者或数据使用者的确认，导致数据不能得到有效的加工和利用，降低了数据质量。

(4) 缺少数据资源管理制度：大部分传统企业尚未针对性建立数据资源管理制度，难以充分调动数据使用者参与数据资源管理的积极性，数据管理者与使用者之间缺少良性沟通和反馈机制，导致数据资源管理无章可循、无法可依。

(5) 缺乏支撑数据处理的信息技术体系：传统企业由于本身信息系统的建设滞后，更是缺乏新型数据处理的 IT 架构和体系，导致数据停留在原始的粗糙状态。

(6) 没有完整的数据生命周期管理：数据没有被作为信息流转的有效载体进行全生命周期的管理，只有部分业务过程被记录，无法形成对整个业务流程的跟踪、传输、审计与传递，从而也没有形成生命周期闭环。

综上所述，数据资源管理涉及理念、效率、技术、安全等各方面问题与挑战，因此亟须针对性构建专项的数据资源管理组织应用模式，并需要在组织机构、工作制度、管理机制与队伍建设等方面开展管理实践。

3.2　数据资源管理的组织机构、组织模式与工作制度

3.2.1　数据资源管理的组织机构

建立全方位、跨部门、跨层级的数据资产管理组织架构，是实施统一化、专业化数据资源管理的基础，是数据资源管理责任落实的保障。

数据资源管理不仅是数据本身问题，而且涉及业务领域、IT 信息化、企业管理模式等多个方面，仅依靠技术部门推动与开展数据资源管理工作是无法取得成功的，只有依靠来自更高层管理者的驱动力，建立自上而下的跨部门跨业务线的组织体系，才能保证企业内部高效协作。

数据资源管理组织机构一般包括决策层、组织协调层、数据管理层、工作执行层 4 个层级。

(1) 决策层。

决策层作为开展数据管控和数据运营等各项工作的最终决策机构，由组织高层直接担任，负责制订数据资源管理决策、战略和考核机制，审批或授权数据管控和数据运营相关重大事项，全面协调、指导和推进数据资源管理和运营工作。

(2) 组织协调层。

组织协调层由数据资源管理委员会承担，其中包含各业务部门、数据管理部门、IT 部门相关负责人，负责统筹管理和协调数据资源，细化数据资源管理的考核指标。

(3) 数据管理层。

数据管理层由数据管理办公室承担，作为主持日常数据资源管理工作的主要实体部门，负责建立数据管控和数据运营的完整体系，制订数据管控和数据运营工作计划，组织开展日常数据管控和数据运营工作，组织评估数据管控和数据运营工作有效性和执行情况，定期向组织协调层和决策层汇报。

(4) 工作执行层。

工作执行层由业务部门、数据部门与 IT 部门共同承担，负责落实具体的数据资源管理执行工作，与数据管理层协同完成各项数据资源管理活动。

3.2.2　数据资源管理的组织模式

数据资源管理组织模式主要分为集中式管理与联邦式管理两种模式，主要区别在于数据管理专员集中于数据管理层还是分布于各个业务部门。集中式数据资源管理模式组织架

构如图 3-1 所示，联邦式数据资源管理模式组织架构如图 3-2 所示。

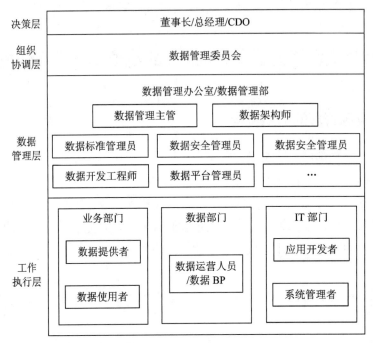

图 3-1   集中式数据资源管理模式组织架构

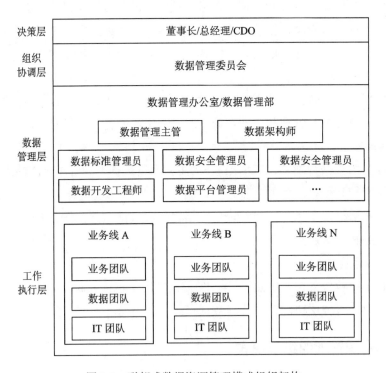

图 3-2   联邦式数据资源管理模式组织架构

1．集中式数据资源管理模式

集中式数据资源管理模式由数据管理办公室统一对企业数据进行集成、管理与治理，同时数据管理办公室负责制订数据资源管理相关的制度、流程、机制和支撑系统，并通过数据运营人员代表数据管理办公室下沉到一线各业务部门，协同业务人员、IT 人员进行数据标准质量管控与数据价值场景挖掘。

集中式数据资源管理模式适合业务线较单一的中大型企业。该模式下一般采用数据仓库与大数据平台技术，各部门职责明确，各业务线独立性要求较低，但其数据相关性要求较高。另外集中式数据资源管理模式将数据资源管理的角色从核心业务流程正式分离，存在业务知识逐渐丢失的风险。

2．联邦式数据资源管理模式

联邦式数据资源管理模式由数据管理办公室与各业务领域数据管理团队共同完成企业数据的集成、管理与治理。数据管理办公室负责建立并维护企业级数据架构，监控数据质量。各业务领域数据管理团队开展本领域数据的建设与管理，并协同本领域业务团队、IT 团队进行数据标准质量管控与数据价值场景挖掘。

联邦式数据资源管理模式适合业务线较复杂的集团型企业。在该模式下，通过数据编织技术，将数据管理的角色赋予到各业务流程，实现数据管理与业务流程运营的紧密耦合，使得数据类型与内容更为齐全，有利于提升数据质量。但这种管理模式实施起来较为复杂，层次较多，需要业务线投入较大精力才能完成数据运维工作，在一定程度上影响了业务运营的效率。

这两种数据资源管理模式并没有严格意义上的优劣之分，集中式并不意味着完全的集中管理，联邦式也不意味着完全的分散管理，采用何种模式主要取决于企业自身的数据资产管理基础能力与组织架构，也可以采用融合集中式与联邦式的混合模式。

由于场景化数据资源应用愈发普遍，从业务端构建数据资产管理团队将有助于理解业务的数据需求，并且基于数据编织(Data Fabric)技术的计算和存储架构将在一定程度上减少集中式数据资源管理模式带来的巨大成本，因而联邦式数据资源管理模式逐渐成为一种趋势。

集中式数据资源管理模式与联邦式数据资源管理模式的对比见表 3-1。

表 3-1　集中式数据资源管理模式与联邦式数据资源管理模式对比表

组织模式	特　点	优势/劣势	适用企业	适用技术
集中式	各业务线业务独立性较低，数据相关性较高；数字技能在各业务线分布不均	优势：组织级统一数据资产管理；全面提升数据资产管理能力 劣势：与业务结合不足，敏捷性较低；投资资源大、见效慢	中大型企业	数据仓库、大数据平台
联邦式	各业务线独立性较高，数据相关性较低；数字技能在各业务线分布相对均衡	优势：与业务结合紧密，敏捷性较高；投入资源小、见效快 劣势：数据管理团队人员缺口大，技能培养投入大	中小型企业、集团型企业	数据编织

3.2.3 数据资源管理的工作制度

为了进一步建立健全工作机制，理顺工作关系，畅通信息渠道，保障组织架构正常运转和数据资源管理中各项工作的有序实施，需要建立一套涵盖不同管理粒度、不同适用对象的数据资源管理工作制度。数据资源管理工作制度体系通常分层次设计，依据管理粒度，可划分为组织级数据资源管理总体规划、管理办法、实施细则和操作规范 4 个层次，如图 3-3 所示。

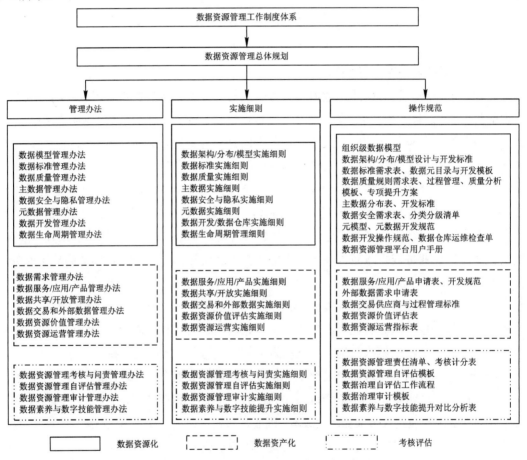

图 3-3　数据资源管理工作制度体系示意图

(1) 总体规划从数据资源管理决策层和组织协调层视角出发，包含数据战略、角色职责、认责体系等，阐述数据资源管理的目标、组织、责任等。

(2) 管理办法是从数据资源管理层视角出发，规定数据资源管理各活动职能的管理目标、管理原则、管理流程、监督考核、评估优化等。

(3) 实施细则是从数据资源管理层和数据资源管理工作执行层的视角出发，围绕管理办法相关要求，明确各项活动职能执行落实的标准、规范、流程等。

(4) 操作规范是从数据资源管理工作执行层的视角出发，依据实施细则，进一步明确各项工作需遵循的工作规程、操作手册或模板类文件等。

数据治理制度框架如图 3-4 所示。

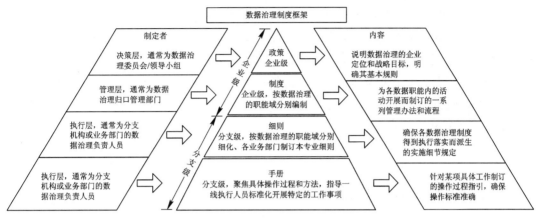

图 3-4　数据治理制度框架

3.3　数据资源管理的管理机制

在数据战略规划、组织架构和制度体系的基础上，建立培训宣贯、绩效考核、激励机制、审计机制、数据文化培养等长效机制，是数据资源管理活动持续高效运行的重要保障，如图 3-5 所示。

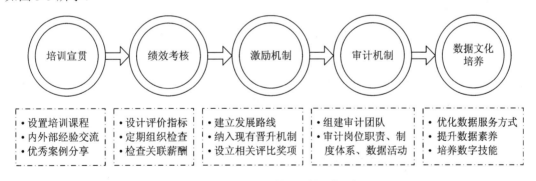

图 3-5　数据资源管理的管理机制

(1) 培训宣贯是数据资源管理理论落地实践、流程执行运作的基础。通过组织数据管理培训，加深行业内外部单位优秀经验沟通与交流，组织开展案例分享，促进数据资源管理者提升技术水平。

(2) 绩效考核是确保数据资源管理各项工作落实到位的关键举措。建立数据资源管理考核机制，开展常态化、全面性问题巡检，将问题处理结果与薪酬关联，确保责任体系的有效执行。

(3) 激励机制是提升数据资源管理部门工作积极性，推动数据资源管理良性发展的重要手段。建立数据专业职业发展通道，设立数据资产管理相关奖项，将数据资源管理纳入现有晋升、薪酬、职位资格等体系范畴。

(4) 审计机制是保障数据资源管理按既定规划和规范执行的有效方式。组建审计团队(由审计部门、监管部门牵头，数据资源管理部门、技术部门、业务部门参与)，引入第三方审计机构，依托相关审计平台，对岗位职责、制度体系、管理活动开展审计。

(5) 数据文化培养是组织开展数据资源管理的核心价值观和最终驱动力。优化数据服务方式，降低数据管理参与门槛，开展多类型数据技能培训和比赛，加深员工的数据认识，提升员工的数据兴趣。

3.4　数据资源管理的队伍建设

数据资源管理需要建设复合型人才队伍，其中包含 IT 技术人员、系统工具管理人员、数据管理人员、数据分析人员、评估审核人员等。

(1) IT 技术人员需要保障数据管理中心相关基础设施与设备正常工作，掌握各类基础设施原理、使用方式、维护方式，并具备简单故障诊断的能力。

(2) 系统工具管理人员需要掌握现有系统工具技术原理，掌握大数据平台与统一数据管理平台等系统的管理技术，可进行简单技术内容审核与开发。

(3) 数据管理人员需要具备一定数据架构、数据标准、数据安全、法律法规等相关知识，具备一定业务理解与数据审查能力。

(4) 数据分析人员需要具备较高的业务理解能力，可根据业务领域给出数据分析挖掘的思路方法。

(5) 评估审核人员需要具备较高的数据标准与审查评估能力，可对业务管理数据进行稽查检查与管理效果评估，并能给出相关优化建议。

3.5　数据资源管理的实践步骤

3.5.1　统筹规划

数据资源管理的第一阶段是统筹规划，内容包括评估管理能力、制订并发布数据战略、建立组织机制与管理制度规范等内容，可为后续数据资源管理实施、运营维护奠定基础。

(1) 基于现有数据资源评估数据管理能力。

利用技术工具从业务系统或大数据平台抽取数据，采集元数据与数据字典，识别数据关系，建立数据模型，并从业务流程和数据应用角度，完善业务属性、管理属性等数据资源信息，形成数据地图。此外，从制度、组织、活动、价值、技术等维度对组织的数据资源管理开展全面评估，评估维度及要点见表 3-2。将评估结果作为评估基线，有助于组织了解管理现状与问题，指导数据战略规划的制订。

表 3-2　评估维度及要点表

评估维度	评估要点
制度	数据资源管理制度体系的完整性、规范性、指导性；流程管控和优化能力
组织	组织、角色、职责合理性；数据责任体系的完整性
活动	活动职能全面性、整体性；各项活动职能交付物的合理性、准确性、规范性、完整性；记录和优化各项活动管理过程能力；数据资源化程度(包括数据质量优劣、数据安全性等)
价值	数据服务、数据应用、数据流通、数据价值评估、数据运营能力
技术	大数据平台、数据资源管理技术工具相关性能、功能完备程度、一体化程度；云计算、AI、隐私计算等关联技术储备程度

基于现有数据资源评估数据管理能力的主要建设内容包括：数据资源盘点清单、数据架构或数据模型、数据管理现状评估报告、数据管理差距分析报告。

(2) 制订并发布数据战略。

根据数据管理现状评估结果与差距分析，召集数据管理相关责任人，明确数据资源管理的中长期目标、管理活动优先级、战略规划及执行计划。通过对战略规划的拆解，制订阶段性执行计划与实施路线，形成数据资源管理的战略目标、规划体系、重点举措和阶段目标，明确各项活动参与团队与人员，并根据实际执行情况及时调整短期战略规划。

主要制订并发布数据战略的内容包括：数据战略规划、数据战略执行计划。

(3) 建立组织机制与管理制度规范。

从数据战略规划出发，构建合理、稳定的数据资源管理组织架构，建立具备一定灵活性的数据资源管理项目组，确定数据资源管理认责体系，并制订符合战略目标与当前实际情况的数据资源管理制度规范。

建立组织机制与管理制度规范的主要建设内容包括：数据资源管理组织架构图、数据资产管理认责体系、数据资源管理相关管理办法。

3.5.2　管理实施

数据资源管理的第二阶段是管理实施，包括建立数据标准规范体系、基于大数据平台汇聚数据资源、依托统一管理平台实现数据资源管理与开展数据产品应用开发等内容，从而全面开展数据资源管理各项活动。

(1) 建立数据标准规范体系。

面向各业务流程活动，对管理技术设计、业务含义进行标准化，并结合相关管理办法，形成各活动职能的实施细则、操作规范，为数据资源管理的有效执行奠定良好基础。

建立数据标准规范体系的主要建设内容包括：数据资源管理活动职能相关标准规范、实施细则、操作规范。数据标准规范体系具体内容见表 3-3。

表 3-3   建立数据标准规范体系的内容表

数据资源管理活动职能	标准化对象		
	字　段	表	表　关　系
数据标准管理	数据元定义	表命名规则	技术规则、业务规则
数据质量管理	字段级质量规则(准确性、有效性)	完整性	一致性
数据模型管理	属性定义	实体定义、数据字典、表结构设计	关系、约束
元数据管理	字段名	数据表名	数据血缘
数据安全管理	字段级安全规则	表级安全规则	数据安全架构

(2) 基于大数据平台汇聚数据资源。

根据数据规模、数据源复杂性、数据时效性等，建设大数据平台，为数据资源管理提供底层技术支撑，设计数据采集和存储方案，根据上步建立的数据资源标准规范体系，制订数据转换规则，确定数据集成任务调度策略，支持从业务系统或管理系统抽取数据至大数据平台，实现数据资源汇聚。

基于大数据平台汇聚数据资源的主要建设内容包括：大数据平台、数据汇聚方案与记录。

(3) 依托统一管理平台实现数据资源流程管理。

构建统一的数据资源管理平台，使各活动职能的相关工具保持联动，覆盖数据的采集、流转、加工、使用等环节；由数据管理团队组织开展数据资源化活动，根据数据需求明确数据使用方的规范与期望，在数据设计过程中支持规则的落地与应用，在数据运维过程中响应数据使用方规则与调整期望，并及时发现问题和进行整改。

依托统一管理平台实现数据资源流程管理的主要建设内容包括：数据管理平台、数据生命周期操作手册、数据资源管理业务案例。

(4) 开展数据产品应用开发。

围绕降低数据使用难度、扩大数据覆盖范围、增加数据供给能力等方面，组织加强数据应用与服务创新。通过开发应用数据可视化、搜索式分析、数据产品化、产品服务化等技术，使业务人员直接参与数据挖掘分析过程，提升数据价值。

开展数据产品应用开发的主要建设内容包括：数据产品清单、数据产品操作手册、数据产品用户指南。

3.5.3　运营维护

数据资源管理的第三阶段是运营维护，包括数据常态化稽查检查、数据日常运营管理等内容，完成对数据资源的常态化检查与运营。

(1) 数据常态化稽查检查。

根据既定标准规范，通过对数据资源化过程与成果开展常态化检查，定期总结，建立基线，对检查结果进行统计分析，形成检查指标与能力基线，评价数据资源化效果，优化数据资源管理模式与方法。稽查检查内容主要包括数据模型与业务架构和 IT 架构的一致性、数据标准落地、数据质量、数据安全合规性、数据开发规范性等常态化检查标准规范。

数据常态化稽查检查的主要建设内容包括：数据管理检查办法、数据管理检查总结、数据管理检查基线。

(2) 数据日常运营管理。

通过构建数据价值评估体系与运营策略，促进数据内外部流通，建立管理方与使用方的反馈与激励机制，构建数据运营中心，建立效益评估优化组织模式，通过定期宣导与培训，提升业务部门的数字技术能力，推动数据资源价值释放。

数据日常运营管理主要建设内容包括：数据服务目录、数据价值评估体系、数据流通策略与技术、数据运营指标体系。

第 4 章　数据建模方法

4.1　数据建模概述

4.1.1　数据模型的定义

数据模型是对现实世界数据特征的抽象，用于描述一组数据的概念或定义。由于计算机只能存储、处理数据，不能直接存储以及处理现实世界中的客观事物，因此在计算机处理实际业务时，必须将事物的某些特征抽象成为计算机能够存储和处理的数据，并需要将业务涉及的事物进行数据特征的抽象。因此，数据模型就是用来抽象表示客观事物的数据特征及其数据之间关系的方法。

4.1.2　数据建模的定义

数据建模是构建数据模型的过程，即经过系统分析后将抽象出来的概念模型转化为物理模型，通过设计工具建立数据库实体及各实体之间关系的过程，包括对现实世界各类数据的抽象组织，确定数据库管辖的范围、数据的组织形式等，直至转化成现实的数据库。

数据建模过程首先根据人们对事物的认知，提取出数据特征并对其进行描述，然后分析事物数据间的关系，最终将其转换成计算机可识别的形式，以便进行存取和使用。在这一过程中，从现实世界到概念模型的转换通常是由数据库设计人员完成的，从概念模型到逻辑模型的转换，既可以由数据库设计人员完成，也可以利用数据库设计工具协助设计人员完成，而从逻辑模型到物理模型的转换一般是由数据库管理系统完成的。数据模型的分类及作用如图 4-1 所示。

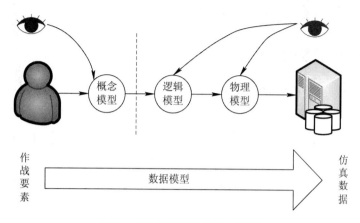

图 4-1　数据模型的分类及作用

4.2　数据模型组成

4.2.1　数据模型的组成要素

在企业架构管理和信息系统设计时，数据模型为数据库系统的信息表示与操作提供一个抽象的框架，描述了事物的静态特性、动态行为和约束条件。数据模型的描述形式是一组概念的集合，其组成要素包括数据结构、数据操作和数据约束。

1．数据结构

数据结构是对系统静态特性的描述，主要描述数据库的组成对象与对象间的联系。其描述内容有两类：一是组成对象的类型、内容、性质；二是组成对象间的联系与关系。数据结构是数据模型的基础，数据操作和数据约束都是建立在数据结构上的。

2．数据操作

数据操作是对系统动态特性的描述，是指对数据库中各种对象(类型)的实例(值)允许执行的操作的集合。其描述内容主要包括在相应的数据结构上的操作类型、操作方式与操作规则。数据库主要有查询和更新(包括插入、删除、修改)两大类操作。数据模型必须定义这些操作的确切含义、操作符号、操作规则(如优先级)以及实现操作的语言。

3．数据约束

数据约束是指数据间关系的一组完整性规则，是给定的数据模型中数据及其联系所具有的制约和依存规则，用于限定符合数据模型的数据库状态以及状态的变化。其主要描述数据结构内数据间的语法、词义联系、它们之间的制约和依存关系，以及数据动态变化的规则。数据模型应该反映和规定本数据模型必须遵守的基本的、通用的完整性约束条件，以保证数据的正确、有效和相容。

4.2.2　数据模型的层次类型

数据建模一般采用多步抽象的方法对现实世界事物进行抽象建模。针对不同的抽象层次与应用，数据模型分为概念模型、逻辑模型与物理模型。概念模型是按照用户的观点与需求对数据进行建模的，主要用于数据库设计。逻辑模型和物理模型是按照计算机系统的观点对数据进行建模的，主要用于关系数据库的实现。两者的区别是：逻辑模型是在概念模型的基础上确定数据结构，而物理模型是在逻辑模型的基础上，面向计算机系统确定数据的表达方式与存取方式。

1．概念模型

概念模型是用于描述用户需求的概念化结构，强调语义表达功能。这种概念化结构不依赖于具体的计算机系统，也不对应某个具体的数据库管理系统，该数据模型使设计人员在设计阶段能够摆脱计算机系统与数据库管理系统的具体技术问题，集中精力分析数据以及数据之间的关系。

2．逻辑模型

逻辑模型是从数据库管理系统的角度描述数据，面向数据库结构所支持的数据模型。逻辑模型考虑的重点是以什么样的数据结构来组织数据，此模型既要面向用户，又要面向系统，主要用于数据库管理系统的实现。

3．物理模型

物理模型是面向计算机的物理表达模型，用于描述数据在数据库系统中的组织结构。每一种逻辑数据模型在实现时都有对应的物理数据模型。物理模型面向具体的数据库管理系统，用于完成表、字段、视图、索引、存储过程、触发器等基本要素设计。

4.3　数据建模方法

4.3.1　数据建模的基本流程

数据建模的基本流程分为概念建模、逻辑建模与物理建模三个阶段，它们的主要内容包括建模流程与建模方法的选择。其中，概念建模和逻辑建模与数据库软件工具毫无关系，物理建模和数据库软件工具存在紧耦合的关系。但是应注意，不同厂商对同一功能的支持方式不同，如高可用性、读写分离，甚至是索引分区等方面。

(1) 概念建模。

概念建模的前提是理解用户需求，因此首先需要分析用户的数据需求，包括亟需解决问题、内部数据情况与所需数据颗粒度等，并确定数据主题。根据确定出来的主题，抽取相关的数据实体，给出数据模型蓝本，并以此为工具确认数据模型的设计完成度。

(2) 逻辑建模。

逻辑模型在概念模型的基础上，对数据实体与实体关系进行更加清晰、详细的描述，以便在具体的数据库管理系统上反映用户需求。具体来说，就是对数据实体进行细化，形成具体的表并完善表结构。其结果可作为具体数据库实体对象的设计与生成依据，主要包括主键、外键、属性列、索引、约束，甚至是视图以及存储过程。

(3) 物理建模。

建立数据的物理模型是实现数据存储的应用环节，对数据进行物理建模时创建的各种数据库对象生成相应的 SQL 代码，并运行代码来创建相应的数据库对象，主要包括命名确定字段类型和编写必要的存储过程与触发器等。在物理建模阶段，可以针对定制化业务需求，进行数据拆分(水平或垂直拆分)。

4.3.2　数据建模的一般方法

在数据建模过程中，可选择不同结构的模型、建模工具与建模语言。数据建模方法有关系建模、维度建模、面向对象建模、基于事实建模、基于时间建模和非关系型建模，如表 4-1 所示。

表 4-1　数据建模方法列表

建 模 方 法	模 式 表 示 法
关系(Relational)建模	信息工程(IE) 信息建模集成定义(IDEF1X) 巴克符号(Barker Notation)
维度(Dimensional)建模	维度(Dimensional)
面向对象(Object-Oriented)建模	统一建模语言(UML)
基于事实(Fact-Based)建模	对象角色建模(ORM2) 完全面向交流的信息建模(FCO-IM)
基于时间(Time-Based)建模	数据拱顶模型(Data Vault)
非关系型(NoSQL)建模	文档(Document) 列(Column) 图(Graph) 键值(Key-Value)

1. 关系建模

在关系建模中，使用关系型数据库来组织和管理数据。关系数据模型使用二维表格的形式来表示实体和实体之间的关系，并使用主键和外键来建立表之间的联系，设计的目的是精确地表达业务数据，消除冗余。关系建模适用于需要进行复杂查询和关联操作的场景，如企业管理系统和金融交易系统。

2. 维度建模

维度建模是在数据仓库建设中将数据结构化的逻辑设计方法，是一种基于维度和事实的数据建模方法，其设计目的是专注于特定业务流程的业务问题。

在维度建模中，数据被组织成事实表和维度表的形式。事实表包含了业务过程中的度量指标，而维度表则包含了描述度量指标的上下文信息。维度建模适用于分析型应用场景，如数据仓库和商业智能系统。

3. 面向对象建模

面向对象建模主要采用面向对象的方法来设计数据库，适用于被管理的数据对象之间存在复杂关系的应用，如工程、电子商务、医疗等。

面向对象建模以对象为单位，每个对象包含对象的属性和方法，具有类和继承等特点。面向对象数据库由于存在实现复杂性、模型复杂度等问题，其距离成熟商用还存在一定距离。

4. 基于事实建模

基于事实建模是一种概念建模语言，通常基于模型对象的特征以及每个对象在每个事实中所扮演的角色来描述世界。基于事实的模型不使用属性，而是通过表示对象之间的精确关系来减少直观或专家判断的需求。

基于事实建模有对象角色建模与完全面向通信建模两种方法。这两种方法在注释与方法呈现上具备一定的相似性，都是以典型的需求信息或查询的实例开始。这些实例首先在用户熟悉的外部环境中呈现，然后在概念层次上用受控自然语言所表达的简单事实来描述。

5. 基于时间建模

基于时间建模主要解决当数据值必须按照时间顺序与特定时间值相关性的问题，是一种混合方法，包含了第三范式与星型模型的组合，是面向细节、基于时间且唯一链接的规范化表，支撑一个或多个业务功能域。

基于时间建模主要包括数据拱顶建模，专用于企业级数据仓库的需求和设计，有 HUB、链路和卫星网络三种类型实体，侧重于业务功能区，将 HUB 作为主键，链路提供了与 HUB 之间的事务集成，卫星网络提供了主键上下文的枢纽。

6. 非关系型数据建模

非关系型数据建模是基于非关系型数据库技术的数据建模方法。通常有四类非关系型数据库(NoSQL)：文档数据库、键值数据库、列数据库和图数据库。

(1) 文档数据库。文档数据库通常将业务主题存储在一个称为文档的结构中，而不是将其分解为关系结构。

(2) 键值数据库。键值数据库只在两列中存储数据，其特性是可以在值列同时存储简单和复杂的信息。

(3) 列数据库。列数据库最接近关系型数据库。这两者都具有类似的方法，即将数据视为行和值，但不同的是，关系型数据库使用预定义的结构和简单的数据类型。此外，列数据库将每个列存储在自己的结构中。

(4) 图数据库。图数据库是为那些使用一组节点就可以很好地表达它们之间的关系的数据而设计的，但这些节点之间的连接数不确定。图数据库最大的功能是在图中寻找最短路径或者最近的邻居，这些功能在传统的关系型数据库中实现是极其复杂的。

4.4 数据模型描述方法

数据定义阶段构建的数据模型应包括概念模型、逻辑模型、物理模型和数据字典四个部分。下面围绕数据模型的描述方法进行详细介绍。

4.4.1 模型的组成

1. 实体

实体表示与业务有关的重要的且有价值的事务的信息集合。设计每个实体时，应都由一个名词或名词词组定义，且名词或名词词组应符合以下六大类型之一，即对象(Who)、内容(What)、时间(When)、地点(Where)、原因(Why)、方法(How)，见表 4-2。

表 4-2 实体设计所需的名词或名词词组定义

类　型	定　　义	举　　例
对象(Who)	企业关心的人或组织，即业务中谁是重要的	员工、客户、学生、供应商、作者
内容(What)	企业关心的产品或服务，即业务中重要的东西是什么	课程、商品、图书、货物、清单
时间(When)	企业关心的日期或时间周期，即何时业务在运作	时间、日期、月份、季度、学期、分钟
地点(Where)	企业关心的位置，可以是实际地理位置，也可以是虚拟地址	邮件地址、收货地址、URL 地址、IP 地址、客户所在地
原因(Why)	企业关心的时间或交易，即业务运转的原因	取钱、存钱、交易、预订、理赔
方法(How)	怎样将企业关心的事件记录下来	发票、合同、交易确认单、收据、协议

2．属性和域

属性用于描述业务特征，也可称为"特征"或"标签"，数据库开发者一般称之为"列"或"字段"。某一属性所有可能取值的集合称为域。属性的取值不能超出该域。域通常分为三种类型：

(1) 格式域：将数据指定为数据库中的标准类型，如整型(Integer)、日期(Date)都是格式域。

(2) 列表域：可以理解为下拉列表，给定的枚举集合作为该域的取值范围，如性别属性域只能取男、女，订单状态属性域有未支付、已支付、已关闭等。

(3) 范围域：要求取值介于最大值和最小值之间，如订单的交付日期必须在未来三个月内的某一天。

3．关系

数据模型中的规则即为关系，关系可以是数据规则，也可以是行为规则。数据规则是指数据间如何关联，包括结构完整性和参照完整性。结构完整性定义了参与某个关系的实体数量；参照完整性用于确保取值的有效性。行为规则是指当属性包含某特定值时，需要采取什么操作。

4.4.2 概念模型的描述方法

1．概念模型设计

概念模型设计的要求如下：

(1) 概念模型主要面向使用业务系统的用户，应取得和用户一致的意见。

(2) 概念模型图一般采用实体-联系(Entity-Relationship approach，E-R)方法来进行描述和定义。

(3) 每个概念模型图应标注对应的用户视图和业务活动。

2．概念定义表

概念是指对数据需求中的一个人、一件事物或者一个理念的抽象。通过抽象和提取概念实体、属性，可进一步明确关系定义表，以保证数据模型建设的概念清楚。概念定义表的结构要求如下：

(1) 名称：指实体、属性、关系的名称。

(2) 定义：指对实体、属性、关系意义所作的简要而准确的描述。

(3) 类型：指定义的对象是实体、属性，或者关系。

(4) 提供或维护单位：指提供或维护数据定义的单位。

4.4.3　逻辑模型的描述方法

1．逻辑模型设计

逻辑模型设计的要求如下：

(1) 逻辑模型的设计要依据概念模型的设计结果，不能不一致。

(2) 逻辑模型图采用信息工程标记符号来进行描述和定义。

(3) 每个逻辑模型图应标注对应的概念模型。

2．表实体定义表

表实体定义表的结构要求如下：

(1) 名称：指该表实体的中文名称。

(2) 代码：指该表实体所对应的数据库中表的名称，可以是中文，也可以是字母、数字和符号的组合。

(3) 提供或维护单位：指该表实体的提供或维护单位。

(4) 注释：指该表实体的含义等其他需要说明的内容。

3．表属性定义表

表属性定义表的结构要求如下：

(1) 名称：指表属性的中文名称。

(2) 代码：指该表属性的标识代码，可以是中文，也可以是字母、数字和符号的组合。

(3) 定义域：指定义的域代码。

(4) 数据类型：指该数据项的数据类型，数据类型的值应从已有的标准定义中选取。

(5) 长度：指数据类型的长度。

(6) 精度：如果该数据类型是近似数值类型，需定义该数值的精度。

(7) 量纲：量纲单位一般用国际度量单位。

(8) 非空：指是否可以为空。"是"表示为非空，"否"表示为空。

(9) 主标识符：指是否为主标识符。"是"表示为主标识符，"否"表示不是主标识符。

(10) 取值规则：指数据项取值的约束条件。约束条件主要指取值范围、取值列表以及取值的格式化等规则。

(11) 注释：指该数据项含义等其他需要说明的内容。

4．关系定义表

关系定义表的结构要求如下：

(1) 名称：指关系的中文名称。

(2) 关系的标识代码：可以是中文，也可以是字母、数字和符号的组合。

(3) 表实体 1 的代码：指父表实体的代码。

(4) 表实体 2 的代码：指子指表实体的代码。

(5) 关系类型：指父表实体与子表实体之间的关系类型，关系类型编码的取值如表 4-3 所示。

(6) 注释：指该关系含义等其他需要说明的内容。

表 4-3　关系类型编码的取值表

关系类型名称	关系类型编码	说　明
一对一关系	10	1 个实体 A 对应 0 或 1 个实体 B； 1 个实体 B 对应 0 或 1 个实体 A
	11	1 个实体 A 对应 1 个实体 B； 1 个实体 B 对应 0 或 1 个实体 A
	12	1 个实体 A 对应 0 或 1 个实体 B； 1 个实体 B 对应 1 个实体 A
	13	1 个实体 A 对应 1 个实体 B； 1 个实体 B 对应 1 个实体 A
一对多关系	20	1 个实体 A 对应 0 或 n 个实体 B($n \neq 1$，下同)； 1 个实体 B 对应 0 或 1 个实体 A
	21	1 个实体 A 对应 1 或 n 个实体 B； 1 个实体 B 对应 0 或 1 个实体 A
	22	1 个实体 A 对应 0 或 n 个实体 B； 1 个实体 B 对应 1 个实体 A
	23	1 个实体 A 对应 1 或 n 个实体 B； 1 个实体 B 对应 1 个实体 A
多对多关系	30	1 个实体 A 对应 0 或 n 个实体 B； 1 个实体 B 对应 0 或 n 个实体 A
	31	1 个实体 A 对应 1 或 n 个实体 B； 1 个实体 B 对应 0 或 n 个实体 A
	32	1 个实体 A 对应 0 或 n 个实体 B； 1 个实体 B 对应 1 或 n 个实体 A
	33	1 个实体 A 对应 1 或 n 个实体 B； 1 个实体 B 对应 1 或 n 个实体 A

5. 域定义表

域定义表的结构要求如下：

(1) 名称：指域的中文名称。

(2) 代码：指域的标识代码，可以是中文，也可以是字母、数字和符号的组合。

(3) 数据类型：即可表示的值的集合，指计算机中存储一个数据项所采用的数据格式，如整型、浮点型、布尔型、字符串型等。

(4) 长度：指域数据类型的长度。

(5) 精度：如果域的数据类型是近似数值类型，则需定义该数值的精度。

(6) 取值规则：指域取值的约束条件，约束条件主要指取值范围、取值列表以及取值的格式化等规则。

(7) 默认值：指域默认的取值。

(8) 量纲：量纲单位一般用国际度量单位。

(9) 注释：指域的含义等其他需要说明的内容。

4.4.4　物理模型的描述方法

物理模型是面向计算机物理表示的模型，描述了数据在存储介质上的组织结构，它不但与具体的数据库管理系统有关，而且还与操作系统和硬件有关。

每一种逻辑模型在实现时都有其对应的物理模型。数据库管理系统为了保证其独立性与可移植性，大部分物理模型的实现工作由系统自动完成，如物理存取方式、数据存储结构、数据存放位置以及存储分配等在逻辑模型的基础上自动完成，而设计者只设计索引、聚集等特殊结构。因此设计物理模型时，不再考虑构建物理存取方式等内容。

物理模型是根据数据关系结构进行设计的实际数据库系统的数据模型，规定了某领域数据的数据库设计内容。物理模型图的结构要求如下：

(1) 物理模型图的设计要依据逻辑模型的设计结果，且必须保持一致。

(2) 物理模型图中的符号采用信息工程标记符号。

(3) 每个物理模型图应标注对应的逻辑模型。

第 5 章　数据治理方法

5.1　数据治理概述

5.1.1　数据治理的基本概念

数据治理是对数据资源管理行使权力和控制的活动集合(规划、监控和执行)。数据治理是数据资源管理框架的核心职能,指导其他数据管理职能如何执行,最终保证数据的可用性、数据的质量和数据的安全。数据治理基本概念示意图如图 5-1 所示。

图 5-1　数据治理基本概念示意图

数据治理是一个管理体系,包括组织、制度、流程、工具,通过制订正确的政策、操作规程,确保以正确的方式对数据和信息进行管理。

5.1.2　数据治理的作用

在数据资源管理的过程中,由于系统规划设计、业务应用交叠、数据规划设计等因素,会出现业务、技术、运维、产品等不同的数据相关问题。这些数据相关问题类型及解决方法如图 5-2 所示。

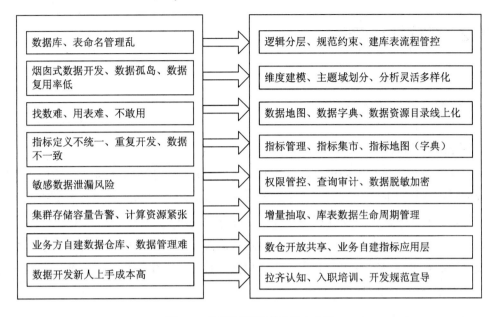

图 5-2　数据问题类型及解决方法

5.1.3　数据治理的架构

数据治理体系的构建为数据管理工作提供强有力的系统支撑。建立一个完整的数据治理体系，可从组织架构、标准、质量、系统功能等方面增强数据宏观管控和精细化管理。数据治理主要包括数据标准管理、数据质量管理、主数据管理、元数据管理、数据元管理、数据分类及编码、数据生命周期管理等模块，这些模块协同运营，确保数据规范、一致、有效。

(1) 数据标准管理：建立数据标准体系并制订数据标准运维管控制度和流程，包括标准定义、标准查询、标准发布等。

(2) 数据质量管理：保证数据的完整性、一致性、准确性、及时性、合法性，提升数据质量。

(3) 主数据管理：管理核心数据，包括主数据申请、主数据发布、主数据分发等。

(4) 元数据管理：维护基础数据描述，包括元数据采集、血缘分析、影响分析等。

(5) 数据元管理：基于标准数据元素的数据内容设计，包括数据元设计、基于数据元的数据库设计等内容。

(6) 数据分类与编码：数据内容的分类与管理对象的编码，包含数据分类与数据编码等。

(7) 数据生命周期管理：构建数据资源的规划、注册、运营、注销等全流程管理体系，包括数据归档、数据销毁等。

5.2 数据标准管理

5.2.1 数据标准管理概述

1. 数据标准管理的定义

数据标准是指保障数据的内外部使用和交换的一致性与准确性的规范性约束。数据标准管理的目标是通过制订和发布由数据利益相关方确认的数据标准，结合制度约束、过程管控、技术工具等手段，推动数据的标准化，提升数据质量。

数据标准管理的主要流程包括制订数据管理的法规性文件或标准、明确数据标准化方法、提供数据标准化的工具等，其主要内容包括元数据标准化、数据元标准化、数据模式标准化和数据分类与编码标准化。

2. 数据标准管理的目的

(1) 统一业务中含义、用法不一致的术语和概念。

在各种业务管理中，需要使用很多的规范术语、业务概念等，由于各种原因，业务人员、技术人员对这些术语、概念的含义和用法等存在不同的理解，由此造成沟通问题，影响了业务人员需求的表达和技术人员对业务的理解。

数据标准规定了业务中重要术语、概念的名称和含义，使业务人员、技术人员对于这些术语、概念的内涵与外延获得一致性、无歧义的理解和表达，使业务人员和技术人员之间在交流与使用时减少误解，对规范业务、提高系统设计的准确性和效率具有重要的意义。

(2) 规范和优化业务分类与编码方案。

在各个领域中，各种管理对象都存在着分类的需求，但不同业务部门、管理人员由于出发点不同，造成不同业务系统或报表中对同一类信息可能会有不同的分类和编码。因此，需要对这些不合理的方案进行优化规范，形成标准的分类与编码方案，以提高业务管理水平，以及便于信息在不同的系统之间进行交换和共享。

(3) 为信息系统设计提供数据规范。

在不同的信息系统中，对于同一数据集，建立的数据模型不一致，或者对于同一数据，数据的名称、定义、长度、表示等不一致或相互矛盾，就会使信息系统之间难以协同工作。数据标准规定了数据的概念、组成、结构和相互关系，是数据库设计的依据，从而保证不同系统的数据模型以及数据含义和格式的一致性，真正实现信息交换和共享。

数据标准与业务、信息系统的关系如图 5-3 所示。数据标准来源于业务，是对业务信息的科学总结，是对业务的规范和提升；数据标准指导信息系统的开发，为信息系统设计提供数据规范，同时通过信息系统的开发来检验数据标准。

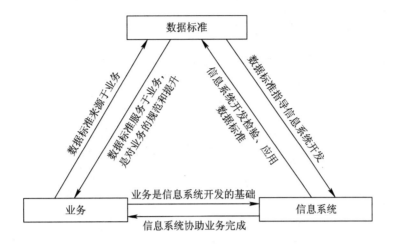

图 5-3　数据标准与业务、信息系统的关系

5.2.2　数据标准内容体系

一般将数据标准分为指导标准、通用标准和专用标准等，具体内容见表 5-1。

表 5-1　数据标准内容体系表

类　　别			标　准　内　容
指导标准	规范	模型与规范	标准体系及参考模型 标准化指南 数据共享概念与术语 标准一致性测试方法
通用标准	数据	元数据	元数据标准化基本原则和方法 元数据内容 元数据 XML/XSD 文件的置标规则
		分类与编码	数据分类和编码原则与方法 数据分类与编码
		数据内容	数据元目录 数据元标准化原则与方法 数据模式描述规则和方法 数据交换格式设计规则 数据图示表达规则和方法
	服务	数据发现	数据元注册与管理 目录服务规范 数据与服务注册规范

续表

类　别			标 准 内 容
通用标准	服务	数据访问	数据访问服务接口规范
			元数据检索和提取协议
			Web 服务应用规范
		数据表示	数据可视化服务接口规范
		数据操作	数据分发服务指南与规范
			信息服务集成规范
	管理建设	管理	质量管理规范
			数据发布管理规则
			运行管理规定
			信息安全管理规范
			共享效益评价规范
			工程验收规范
		建设	数据中心建设规范
			数据中心门户网站建设规范
专用标准	基础数据		元数据内容
	业务数据		数据分类与编码
	环境数据		数据模式
	模型数据		数据交换格式
	标准数据		数据元目录

1．指导标准

指导标准是标准的制订、应用和理解等方面相关的标准，阐述了数据共享标准化的总体需求、概念、组成和相互关系，以及使用的基本原则和方法等。

指导标准包括标准体系及参考模型、标准化指南、数据共享概念与术语、标准一致性测试方法等。

2．通用标准

通用标准主要为数据共享活动中具有共性的相关标准，分为数据类标准、服务类标准、管理与建设类标准等。

(1) 数据类标准。

数据类标准包括元数据、分类与编码、数据内容等方面标准。

元数据标准包括元数据内容、元数据 XML/XSD 文件的置标规则和元数据标准化基本原则与方法，主要用于规范元数据的采集、建库、共享以及应用。

分类与编码标准包括数据分类与编码原则、方法，数据分类与编码，是特定领域数据分类与编码时共同遵守的规则。

数据内容标准包括数据元标准化原则与方法、数据元目录、数据模式描述规则和方法、数据交换格式设计规则、数据图示表达规则和方法、空间数据标准等。数据内容标准用于数据的规范化改造、建库、共享以及应用。

(2) 服务类标准。

服务类标准是提供数据共享服务的相关标准的总称，包括数据发现服务、数据访问服务、数据表示服务和数据操作服务。服务类标准涉及数据和信息的发布、表达、交换与共享等多个环节，规范了数据的转换格式和方法、互操作的方法和规则，以及认证、目录服务、服务接口、图示表达等方面。

(3) 管理与建设类标准。

管理与建设类标准用于指导系统的建设和规范系统的运行，包括质量管理规范、数据发布管理规则、运行管理规定、信息安全管理规范、共享效益评价规范、工程验收规范、数据中心建设规范和门户网站建设规范等。

3．专用标准

专用标准是根据通用标准制订出来的满足特定领域数据共享需求的标准，重点反映具体领域数据特点的数据类标准，如领域元数据内容、领域数据分类与编码、领域数据模式、领域数据交换格式、领域数据元目录和领域数据图示表达规范。

5.2.3　数据标准管理过程

数据标准管理过程一般分为标准规划、标准制订、标准发布、标准执行、标准维护等 5 个步骤，如图 5-4 所示。

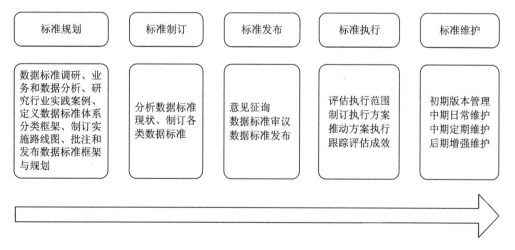

图 5-4　数据标准管理过程

(1) 标准规划。

数据标准规划主要是指企业构建数据标准分类框架，并制订开展数据标准管理的实施路线图。数据标准规划的过程包括数据标准调研、业务和数据分析、研究行业实践案例、定义数据标准体系分类框架、制订实施路线图、批注和发布数据标准框架与规划等六个阶段。

(2) 标准制订。

标准制订是指在完成标准分类规划的基础上，定义数据标准及相关规则。主要包括分析数据标准现状、制订各类数据标准等两个阶段。

(3) 标准发布。

数据标准定义需要征询数据管理部门、数据标准部门以及相关业务部门的意见，在完成意见分析和标准修订后，进行标准发布。标准发布主要流程包括意见征询、数据标准审议、数据标准发布等三个过程。

(4) 标准执行。

数据标准执行通常是指把企业已经发布的数据标准应用于信息建设，消除数据不一致的过程。数据标准执行过程中应加强对业务人员的数据标准培训、宣贯工作，帮助业务人员更好地理解系统中数据的业务含义。另外，数据标准执行过程中也涉及信息系统的建设和改造。数据标准执行一般包括评估执行范围、制订执行方案、推动方案执行、跟踪评估成效四个阶段。

(5) 标准维护。

数据标准会随着业务的变化而更新优化。在数据标准维护的初期，需要完成需求收集、需求评审、变更评审、发布等多项工作，并配套制订数据标准运营维护路线规划(即初期版本管理)，要求各部门共同配合实现数据标准的运营维护。在数据标准维护的中期，主要完成面向企业业务变化的数据标准日常维护工作、面向定期标准审查的数据标准定期维护等工作。在数据标准维护的后期，应重新制订数据标准在各业务部门、各系统的执行方案并制订相应的执行计划(也称为后期增强维护)。

5.3 数据质量管理

5.3.1 数据质量管理概述

数据质量是指在特定的业务环境下，数据满足业务运行、管理与决策的程度，是保证数据应用效果的基础。数据质量管理是指运用相关技术来衡量、提高和确保数据质量的规划以及实施与控制等一系列活动。

在数据各环节流转中，对数据质量的影响有客观和主观两方面：从客观方面，由于系统异常和流程设置不当等因素，将会引起数据质量问题；从主观方面，由于人员素质低和管理缺陷等因素，从而操作不当引起数据质量问题。因而，数据质量管理不是一时的数据治理手段，而是循环的管理过程。数据质量管理不仅包含了对数据质量的改善，同时还包含了对组织的改善。

5.3.2 数据质量管理过程

数据质量管理的关键活动包括数据质量管理计划、数据质量管理执行、数据质量管理检查/分析、数据质量管理改进等方面。

(1) 数据质量管理计划。

数据质量管理计划主要包含：确定数据质量管理相关负责人，明确数据质量的内部需求与外部要求；参考数据标准体系，定义数据质量规则库，构建数据质量评价指标体系；制订数据质量管理策略和管理计划。

(2) 数据质量管理执行。

数据质量管理执行主要包含：依托平台工具，管理数据质量内外部要求、规则库、评价指标体系等，并确定数据质量管理的业务、项目、数据范畴，开展数据质量稽核和数据质量差异化管理。

(3) 数据质量管理检查/分析。

数据质量管理检查/分析主要包含：记录数据质量稽核结果，分析问题数据产生原因，确定数据质量检查责任人，出具质量评估报告和整改建议；持续测量全流程数据质量，监控数据质量管理操作程序和绩效；确定与评估数据质量服务水平。

(4) 数据质量管理改进。

数据质量管理改进主要包含：建立数据质量管理知识库，完善数据质量管理流程，提升数据质量管理效率；确定数据质量服务水平，持续优化数据质量管理策略。

5.3.3 数据质量评估

1. 评估方法

数据质量评估方法主要包含选择评估维度、完成所选维度评估、综合分析评估结果三个步骤。

(1) 选择评估维度。

熟悉各种数据质量维度以及完成每一个维度评估所需的工作。根据目标和业务需求与方法，尽量将涉及的范围最小化并根据优先顺序对质量维度进行排序。

(2) 完成所选维度评估。

确定数据获取和评估的方案，针对每个所选质量维度完成其质量评估。对每次质量评估中所了解的经验、对业务的可能影响、根本原因和初步建议进行归档。

(3) 综合分析评估结果。

合并和分析所有质量评估结果，寻找它们之间的相关性，并将质量评估中所了解的经验、对业务的可能影响和初步建议存档。

2．评估内容

数据质量的评估维度主要内容见表 5-2。

表 5-2 数据质量的评估维度主要内容

序号	维 度	定 义
1	数据规范	对数据标准、数据模型、业务规则、元数据、参考数据的存在性和完全性以及质量与文档资料的测量标准
2	完整性	数据的存在性、有效性、结构、内容和其他基本特性的测量标准
3	重复性	对存在于系统内或系统之间的特殊字段、记录或数据集意外重复的测量标准
4	准确性	数据内容正确性的测量标准(需要一个已认证的和可访问的权威参考源)
5	一致性	存储在或用于多种数据仓库、应用软件、系统和使数据相等的流程中的信息等价测量标准
6	及时性	对特定应用和预期时段内的数据及时性和可用性程度的测量标准
7	易用性	数据能被访问和使用的程度以及数据能被更新维护与管理的程度的测量标准
8	覆盖性	相对于数据总体或全体相关对象的数据可用性和全面性的测量标准
9	表达质量	如何表达信息以及从用户处收集这些信息的测量标准格式和外观支持信息的相应使用
10	理解性	对数据质量的可理解性和可信度的测量标准，业务需求的重要性、价值和相关性
11	数据衰变	数据负面变化率的测量标准

5.4 主数据管理

5.4.1 主数据管理概述

1. 主数据管理的定义

主数据是用来描述核心业务实体的数据，是跨越各个业务部门和系统的、高价值的基础数据。主数据管理是一系列规则、应用和技术，用以协调和管理与企业的核心业务实体相关的系统记录数据。

主数据管理的目标是从多个业务系统中整合出最核心的、最需要共享的数据(即主数据)，对它们进行集中的数据清洗和整合，然后将统一的、完整的、准确的、权威的主数据分发给企业内需要使用这些数据的应用，如外部业务系统、业务流程和决策支持系统等。

2. 主数据管理的作用

主数据管理使企业能够对数据进行集中化管理，在分散的系统间保证主数据的一致性，改进数据合规性，快速部署新应用，充分了解用户，加速产品研发并提高成果质量。从 IT

建设的角度，主数据管理可以增强 IT 结构的灵活性，构建覆盖整个企业范围内的数据管理基础和相应规范，并且更灵活地适应企业业务需求的变化。主数据管理具体有以下作用：

(1) 降低运营成本。有效的主数据管理，可以实现手动流程的自动化，并减少错误。

(2) 提高灵活性。有效的主数据管理，可以快速整合不同系统中的客户信息，使企业可以更加轻松地发现新的业务或拓展新的市场。这也有助于更加全面地了解用户，根据客户的喜好为其定制产品和服务，提高服务质量。

(3) 提高合规性并降低风险。由于业务流程协调一致并采用准确数据，用户跳过关键步骤的机会减少，因此更加利于遵循政府法规、行业标准和企业服务级别协议的要求。

(4) 提高企业访问控制。主数据管理有助于确保企业获取完整的数据位置视图，增强了企业对于数据访问的控制。

5.4.2　主数据管理过程

主数据管理过程包括主数据管理计划、主数据管理执行、主数据管理检查、主数据管理改进等方面。

(1) 主数据管理计划：依据企业级数据模型，明确主数据的业务范围、唯一来源系统与识别原则；定义主数据的数据模型(或主辅数据源分布)、数据标准、数据质量、数据安全等要求或规则，并明确以上各方面与组织全面数据资源管理的关系。

(2) 主数据管理执行：依托平台工具，实现核心系统与主数据存储库的数据同步共享。

(3) 主数据管理检查：对主数据质量进行检查，保证主数据的一致性、唯一性；记录主数据管理检查的问题。

(4) 主数据管理改进：总结主数据管理问题，制订主数据管理提升方案，持续改进主数据质量及管理效率。

5.4.3　主数据管理架构

1.　主数据管理的分类

目前业界较为常见的主数据管理解决方案主要可以分为以下三类：

(1) 依托成熟商用软件实现主数据管理。这类方案是作为成熟商用软件的一部分，主要是为成熟商用软件的其他模块提供服务。

(2) 侧重于分析型应用的主数据管理。这类方案在数据实时同步以及面向交易型应用时通常缺乏整体方案的完整性。

(3) 专注于主数据管理的中立的、完整的解决方案。这一类应用独立于成熟商用软件，不仅具有整体架构的完整性和先进性，而且从功能上而言往往也最为完善。

2.　主数据管理的逻辑架构

一个完整的主数据管理解决方案的逻辑架构如图 5-5 所示。

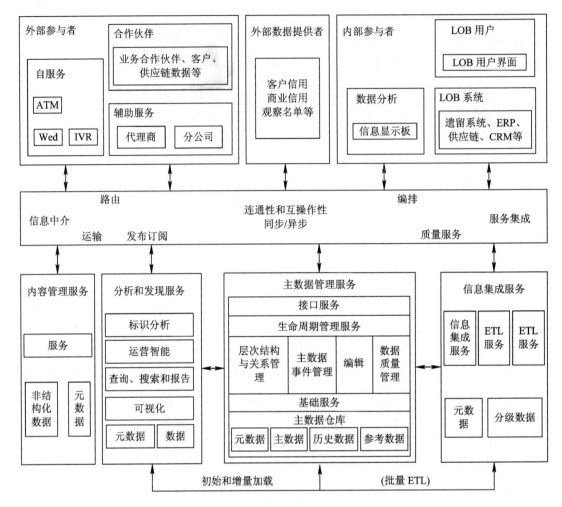

图 5-5　主数据管理解决方案的逻辑架构

3. 主数据管理的服务组件

在一个完整的主数据管理解决方案中，除了主数据管理的核心服务组件之外，通常还涉及企业元数据管理、企业信息集成、ETL、数据分析和数据仓库以及 EAI/ESB 等其他各种技术与服务组件。其中，主数据管理服务包括如下重要服务组件：

(1) 接口服务：为企业中需要主数据的所有业务系统提供各种服务接口，通过实时的、批量的接口可以读取或者修改主数据，这些接口包括批处理、网络服务、XML 接口、消息传递接口、发布/订阅、输入/输出服务、数据标准化接口、目录集成等。

(2) 生命周期管理服务：执行对主数据的 CRUD 操作，以及对主数据存储库中的数据进行更新、存取和管理时的业务逻辑，此外还负责维护主数据的衍生信息。其服务贯穿整个主数据管理的生命周期，利用数据质量管理服务来确保数据质量，利用主数据事件管理服务来捕获各种主数据变化等相关的事件，以及利用层次结构和关系管理服务来维护数据实体之间的关系与层次。

(3) 数据质量管理服务：确保主数据的质量和标准化，这是主数据管理解决方案中一个非常重要的组件。在从各个业务系统获取数据之后，首先要对数据进行清洗和验证，对于其他数据要进行非空检查、外键检查、数据过滤等，然后要对数据进行匹配/重复识别、自动进行基于规则的合并/去重、交叉验证等，并且还要遵从企业的数据管控规范和流程。

(4) 编辑服务：依据数据管控流程，定义和扩展企业的主数据模型。

(5) 层次结构和关系服务：定义数据实体的层次、分组、关系、版本等。

(6) 主数据事件管理服务：捕获事件并且触发相应的操作，包括事件发现、事件管理和通知功能，在主数据管理系统和业务系统之间进行数据同步时起到至关重要的作用。

(7) 基础服务：提供通用服务，包括安全控制、错误处理、交易日志、事件日志等功能。

(8) 主数据仓库：主数据存储库，包括元数据、主数据、历史数据、参考数据等。

5.5　元数据管理

5.5.1　元数据管理概述

1. 元数据的定义与描述

元数据是指描述数据的数据，主要是用于描述数据的内容、地理、时间、覆盖范围、质量管理方式、数据所有者、数据提供方式等内容的数据，是数据与用户之间的桥梁。元数据提供了描述对象的概貌，使外部对象可快速获得描述对象的基本信息而不需要具备对其特征的完整认识。元数据多用于描述网络信息资源特征的数据，包含网络信息资源对象的内容和位置信息，促进了网络环境中信息资源对象的发现和检索。

元数据描述的对象可以是单一的全文、目录、图像、数值型数据以及多媒体(声音、动态图像)等，也可以是多个单一资源组成的资源集合，或是这些资源的生产、加工、使用、管理、处理、保存等过程及其过程中产生的参数描述。对信息对象进行描述，一般分为以下三个方面：

(1) 对信息对象基本内容进行描述，包括信息对象的标题、摘要、关键词等基本信息。

(2) 对信息对象的获取方式进行描述，包括信息对象的发布者、信息对象的在线获取地址等。

(3) 对元数据自身的维护信息进行描述，包括元数据的标识、元数据的维护方、元数据的更新日期、更新频率等。

2．元数据的作用

元数据的主要作用如下：

(1) 描述。元数据最基本的功能就在于对信息对象的内容进行描述，从而为信息对象的存取与利用提供必要的基础。

(2) 定位。元数据包含信息对象位置方面的信息，通过它可以确定信息对象的所在位置，便于信息对象的发现和检索。

(3) 寻找或发掘。元数据是寻找或发掘信息对象的基础，将信息对象的重要特征抽出并加以组织，赋予语义，建立关系，使检索结果更加精确，有利于用户发现真正需要的资源。

(4) 评价。元数据可提供信息对象的基本属性，便于用户在无需浏览信息对象本身的情况下，可对信息对象有基本的了解和认识，从而对信息对象的价值进行评估。

(5) 选择。根据元数据所提供的描述信息，参照相应的评价标准，结合现实的使用环境，用户可做出选择适用的信息对象的决定。

3．元数据管理的作用

元数据管理是为获得高质量的整合的元数据而进行的规划、实施与控制行为。元数据管理贯穿数据资源管理的全流程，是支撑数据资源化和资产化的核心。元数据管理具体有以下作用：

(1) 元数据从业务视角和管理视角出发，通过定义业务元数据和管理元数据，增强了业务人员和管理人员对于数据的理解与认识。

(2) 技术元数据通过自动从数据仓库、大数据平台、ETL 中解析存储和流转过程，追踪和记录数据血缘关系，及时发现数据模型变更的影响，有效识别数据模型变更的潜在风险。

(3) 元数据是数据集成的基础，将数据源与数据仓库中数据的对应关系和转换规则由源数据库描述，将会减少数据集市的建设难度。

(4) 元数据可作为自动化维护数据资产目录、数据服务目录的有效工具。由于元数据可以实现业务模型与数据模型之间的映射，因而可以把数据以用户需要的方式"翻译"出来，从而帮助最终用户理解和使用数据。

5.5.2　元数据管理过程

元数据管理的过程包括：

(1) 元数据管理计划：明确元数据管理相关参与方，采集元数据管理需求；确定元数据类型、范围、属性，设计元数据架构，使技术元数据与数据模型、主数据、数据开发相关架构一致；制定元数据规范。

(2) 元数据管理执行：依托元数据管理平台，采集和存储元数据；可视化数据血缘；应用元数据，包括非结构化数据建模、数据资产目录自动维护等。

（3）元数据管理检查：元数据质量检查与治理；元数据治理执行过程规范性检查与技术运维；保留元数据检查结果，建立元数据检查基线。

（4）元数据管理改进：根据元数据检查结果，召集相关利益方，明确元数据优化方案，制订改进计划，持续改进元数据管理的方法、架构、技术与应用等内容。

5.5.3　元数据结构

元数据结构主要是指内容结构、语法结构和语义结构。

1．内容结构

内容结构是对元数据的构成元素及其定义标准进行描述。一个元数据由许多完成不同功能的具体数据描述项构成。这些具体的数据描述项称为元数据元素项或元素，如题名、责任者等都是元数据中的元素。元数据元素一般包括通用的核心元素、用于描述某一类型信息对象的核心元素、用于描述某个具体对象的个别元素，以及对象标识、版权等内容的管理性元素。

2．语法结构

语法结构是指元数据格式结构及其描述方式，即元数据在计算机应用系统中的表示方法和相应的描述规则。语法结构主要采用 XML 语言和 RDF 框架，用于标识和描述元数据的格式结构。

3．语义结构

语义结构是指定义元数据元素的具体描述方法，也就是定义或描述元数据元素时所采用的共用标准、实践经验或自定义的语义描述要求。如 ISO/IEC 11179《信息技术：数据元的规范与标准化》中采用名称、标识、版本、注册机构、语言、定义、选项、数据类型、最大使用频率、注释等来描述数据元素。

典型元数据标准中规定的描述元素参照表 5-3 所示。

表 5-3　典型元数据标准中规定的描述元素参照表

标准名称	描述项数量	具体描述项
都柏林核心元数据标准 (Dublin Core)	15	题名、创建者、日期、主题、出版者、类型、描述、其他贡献者格式、来源、权限标识、语言、关联覆盖范围
GB/T 19488，2-2008《电子政务数据元第 2 部分：公共数据元目录》	15	中文名称内部标识符、英文名称中文全拼定义、对象类词、特性词、表示词数据类型、数据格式值域、同义名称关系、计量单位、备注
中科院科学数据库《核心元数据标准》	9	中文名称、英文名称标识、定义、类型值域可选性、最大出现次数注释
美国国防部《发现元数据标准》(DDMS)	18	题名、标识、创建者、发布者、贡献者、日期、语言、权限、类型来源、主题、空间覆盖范围、时间覆盖范围、虚拟覆盖范围、描述、格式、安全

5.6   数据元管理

5.6.1   数据元管理概述

1. 数据元的定义

数据元也称为数据元素，是用一组属性描述其定义标识表示和允许值的数据单元，通常用于构建一个语义正确、独立且无歧义的特定概念语义的信息单元。数据元是数据库、文件和数据交换的基本数据单元。数据库或文件由记录或元组等组成，而记录或元组则由数据元组成。数据元是在数据库或文件之间进行数据交换时的基本组成，如图 5-6 所示。

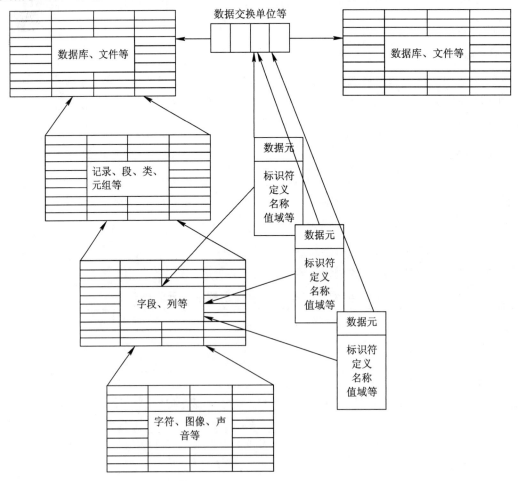

图 5-6   数据元交换的基本要素组成图

2．数据元的组成

数据元由对象类、特性和表示 3 部分组成，实例如图 5-7 所示。

(1) 对象类：是现实世界或抽象概念中事物的集合，有清楚的边界和含义，且特性和其行为遵循同样的规则而能够加以标识。对象类是人们所要研究、收集和存储相关数据的实体，如人员设施、装备、组织、环境、物资等。

(2) 特性：是对象类的所有个体所共有的某种性质，是对象有别于其他成员的依据。特性是人们用来区分、识别事物的一种手段，如人员的姓名、性别、身高、体重、职务等。

(3) 表示：是值域、数据类型、表示方式的组合，也包括计量单位、字符集等信息。如人员的身高用"厘米"或用"米"作为计量单位。

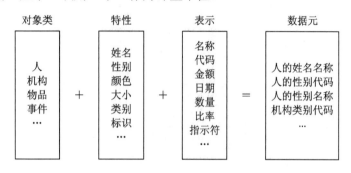

图 5-7　数据元构成实例

3．数据元与元数据的区别

数据元与元数据是两个容易混淆的概念。数据元是一种用来表示具有相同特性数据项的抽象"数据类型"。元数据用来描述数据的内容、使用范围、质量、管理方式、数据所有者、数据来源、分类等信息。它使数据在不同的时间、不同的地点，都能够被人们理解和使用。元数据也是一种数据，也可以被存储、管理和使用。

对于一个数据集而言，元数据侧重于对数据集总体的内容、质量、来源等外部特征进行描述，而数据元则侧重于对数据集内部的基本元素的"名""型值"等特性进行定义。元数据只用来定义和描述已有的数据，数据元则可以用来指导数据模型的构建，进而产生新数据。

5.6.2　数据元基本属性

数据元由一系列属性描述，这些属性实际上是数据元的元数据。数据元的基本属性通常包括标识类、定义类、关系类、表示类与管理类等 5 个方面，如表 5-4 所示。

(1) 标识类属性：适用于数据元标识的属性，包括中文名称、英文名称、中文全拼内部标识符、版本、注册机构、同义名称、语境。

(2) 定义类属性：描述数据元语义方面的属性，包括定义、对象类词、特性词、应用约束。

(3) 关系类属性：描述各数据元之间相互关联和(或)数据元与模式、数据元概念、对象、实体之间关联的属性，包括分类方案、分类方案值、关系。

(4) 表示类属性：描述数据元表示方面的属性，包括表示词、数据类型、数据格式值域、计量单位。

(5) 管理类属性：描述数据元管理与控制方面的属性，包括状态、提交机构、批准日期、备注。

表 5-4　数据元属性表

属性种类	属性名称	定　义	约　束
标识类	名称	数据元的单个或多个字词的指称	必选
	标识符	数据元的唯一标识符	条件选
	版本	数据元的发布标识	条件选
	注册机构	负责维护注册库的组织	条件选
	同义名称	表示相同的数据元概念的单词或多词的指称	可选
	相关环境	对使用或产生名称的应用环境的指明或描述	条件选
定义类	定义	表达数据元的本质特性并使其区别于其他数据元陈述	必选
关系类	分类模式	将对象排列组合的分类参照	可选
	关键字	用于数据元检索的一个或多个有意义的字词	可选
	相关数据参照	数据元与相关数据之间的参照	可选
	关系类型	数据元与相关数据之间关系特性的一种表达，包含派生、组成、替代与连用等关系	条件选
表示类	表示类型	用于表示数据元的符号、字符或其他表示的类型	必选
	表示形式	数据元表示形式的名称或描述	必选
	数据类型	数据元值的不同值的集合，包括字符、数字、日期、日期时间、布尔等类型	必选
	最大长度	表示数据元值(与数据类型相对应)的存储单元的最大数目	必选
	最小长度	表示数据元值(与数据类型相对应)的存储单元的最小数目	必选
	表示格式	用字符串表示数据元值的格式	条件选
	允许值	在一个特定值域中允许的一个值含义的表达	必选
管理类	主管机构	提供数据元属性权威来源的组织或组织内部机构	可选
	注册状态	一个数据元在注册生命周期中状态的指称，包括草案、试用、标准、废止等	条件选
	提交机构	提出数据元注册请求的组织或组织内部机构	可选
	备注	数据元的注释	可选

5.6.3　数据元定义与表示

数据元的定义与表示是数据元含义的自然语言表述，其定义于表述的规范化是数据元标准化中至关重要的一项内容。为了达成一致性理解，发挥数据元的功能，必须为数据元给出一套形式完备和表述清晰的命名规则、编写规范、格式约束与值域范围等内容约束。

1．数据元的命名规则

数据元的名称是为了方便人们的使用和理解而赋予数据元的语义的、自然语言的标记。为了统一规范数据元的名称，对数据元的命名要遵循一定的规则。数据元命名规则包括名称语义规则、句法规则、词法规则和唯一性规则。

(1) 语义规则。

数据元名称成分由对象类术语、特性术语、表示术语和限定术语描述。对象类术语是构成数据元名称的一个成分，它表示某一相关环境中的一项行为或对象；特性术语是对象类中的某一个特性的名称；表示术语是一个数据元名称中描述数据元表示形式的一个成分；限定术语对一个数据元进行唯一标识，可将限定术语加到对象类术语、特性术语与表示术语上。如数据元"教育系统类项目费用金额"中的"项目"是对象术语，"费用"是特性术语，"金额"是表示术语，"教育系统类"是限定术语。

规则 1　对象类词表示数据元所属的事物或概念，表示某一语境下一个活动或对象，是数据元中占支配地位的部分。数据元名称中应有且只有一个对象类词。

规则 2　特性词用来表示数据元的对象类有显著区别的特征。数据元名称中应有且只有一个特性词。

规则 3　表示词是数据元名称中描述数据元表示的一个成分，描述了数据元有效值集合的格式。数据元名称中应有且只有一个表示词。

(2) 句法规则。

句法规则用于说明数据元名称中各成分的排列。各成分的排列遵循如下规则：

规则 4　对象类词应处于名称的第一位置，特性词应处于第二位置，表示词应处于最后位置。

规则 5　当需要描述一个数据元并使其在特定的语境中唯一时，可用对象类词的特性词或表示词进行限定，限定词是可选的。限定词可以附加到对象类词、特性词和表示词上。

规则 6　当表示词与特性词有重复或部分重复时，可从名称中将多余词删掉。

(3) 词法规则。

当数据元是英文名称时，应遵循如下词法规则：

规则 7　名词使用单数形式，动词使用现在时。

规则 8　名称的各个部分之间应有统一的分隔符。

规则 9　允许使用缩写词、首字母缩略词和大写首字母。

(4) 唯一性规则。

为了防止同名异义现象，需要对数据元名称各成分的术语进行统一规范。

规则 10　在数据元注册时，可以构建一个仿真领域的术语字典，作为数据元命名时各术语成分的统一来源。

2．数据元定义的编写规范

为使定义的内容表述规范，含义准确、简明扼要，易于理解，数据元定义的编写应遵守如下规范：

(1) 具有唯一性。每个数据元的定义在整个数据元目录中必须是唯一的，这也是一个数据元区别于其他数据元的根本因素。

(2) 数据元的定义应清楚明了，并且只存在一种解释。如有必要，应用"一个""多个""若干"等数量词明确表示所涉及事物或概念的个数。

(3) 阐述概念的基本含义。要从概念的基本含义阐述该概念是什么，而不是阐述该概念不是什么。否定式的定义并没有明确说明数据元的实际含义，而是要人们利用排除法去理解定义，这样不便于理解且容易引起歧义。

(4) 用描述性的短语或句子阐述。不能简单地用数据元名称的同义词来定义数据元，必须使用短语或句子来描述数据元的基本特性。

(5) 简练。定义内容应尽量简单明了，不要出现多余的词语。表述中不应加入与数据元的定义没有直接关系的信息。表述中可以使用缩略语，但必须保证所用的缩略语是人们所普遍理解的。

(6) 能单独成立。要让使用人员从数据元定义本身就能理解数据元的概念，不需要附加说明和引证。应避免两个数据元的定义中彼此包含对方的概念，造成相互依存关系。

(7) 相关定义使用相同的术语和一致的逻辑结构。采用相同的术语和句法表述具有相关性的数据元定义，有利于使用人员对定义内容的理解。

3．数据元的表示格式

数据元的表示格式是指用一组约定格式的字符串来表示数据元值展现的格式，主要通过基本属性中的"表示格式"属性来描述。数据元的表示格式(也称为数据类型)大致可以分为字符型、数值型、日期时间型、布尔型、二进制型等。对各种类型的表示格式约定如下：

(1) 字符型。

字符型数据元的表示格式由类型表示和长度表示组成。类型表示指明字符内容的范围，如表 5-5 所列。

表 5-5　类型表示格式表

分　类	符　号	范　　围
常规型	A	大写字母(A～Z)
	a	小写字母(a～z)
	N	(0～9)
混合型	Aa	(A～Z，a～z)
	An	(A～Z，0～9)
	an	(a～z，0～9)
	Aan	(A～Z，a～z，0～9)
	S	任意字符(GBK)

字符型数据元的长度表示可分为固定长度表示和可变长度表示两种。固定长度表示直接在字符类型符号之后添加长度数值，不带任何间隔或中间字符，即为符号+固定长度值。如："A3"表示长度为 3 个字符的大写字母；"an5"表示长度为 5 个字符的小写字母或数字。

可变长度表示首先在字符类型符号之后添加最小长度数值，然后添加两点".."，最后加上最大长度数值，最小长度数值为 0 时可以省略，即为符号 + [最小长度值] + .. + 最大长度值。如："a..6"表示最小长度为 0 个字符、最大长度为 6 个字符的小写字母；"S3..5"表示最小长度为 3 个字符、最大长度为 5 个字符的任意字符。

(2) 数值型。

数值型数据元用符号"N"表示。数值型数据元的表示格式分整数型表示和小数型表示两种：整数型表示直接在类型符号后添加最大有效数字位数，只有类型符号没有其他修饰词时表示对有效数字的位数不进行限制(这种情况可以省略表示格式内容); 小数型表示在整数型表示的基础上再添加一个逗号","，然后再添加小数点后最多需要保留的数字位数。如："N"表示所有整数；"N3"表示最大有效数字为 3 位的整数；"N,3"表示小数点后最多保留 3 位数字的小数；"N5,2"表示最大有效数字为 5 位、小数点后最多保留 2 位数字的小数。

(3) 日期时间型。

日期时间型数据元用"YYYY""MM""DD""hh""mm""ss"等符号分别表示年、月、日、时、分、秒，可根据实际情况将这 6 个符号结合一些标记符号进行排列，组合成符合要求的表示格式。例如："YYYY/MM/DD"表示"年/月/日"；"YYYYMMDDhhmmss"表示"年月日时分秒"；"hh:mm:ss"表示"时:分:秒"。

(4) 布尔型。

布尔型数据元在计算机中只存储为 1 或 0，但在表示时是多种多样的，如可以表示为"是"和"否"、"True"和"False"、"有"和"没有"、"√"和"×"等。布尔型数据元的表示格式用竖线号"|"分开所要表示的两个允许值，"|"左边的符号代表"真(True)"，"|"右边的符号代表"假(False)"。

(5) 二进制型。

二进制型数据元的表示格式用数据内容实际格式的默认缩略名称(后缀名)表示，例如"jpg""bmp""txt""doc"等。

4．数据元的值域

数据元的值域用来表示数据元允许值的集合，数据元的值域描述可以为数据元值的有效性提供校验依据。数据元的值域主要由数据元的定义决定，同时受到数据元的"数据类型""最大长度""最小长度""表示格式""计量单位"等属性影响。数据元的值域主要有以下几种表达方式。

(1) 枚举字符串：是将一个值域的所有允许值按照特定格式拼接成一个字符串作为该值域的表达方式。这种表达方式适用于表示允许值固定且数目不多的枚举型值域。

(2) SQL 查询语句：将一个值域的允许值在数据库中组织成一个数据字典，通过 SQL 查询语句返回值域的所有允许值。

(3) 数值区间：用数学中的数值区间表达式表示值域的允许值。这种表达方式可以用来表示不可枚举的连续区间或有限分段区间的值域。

(4) 正则表达式：用一个正则表达式来表示值域的允许值。正则表达式是一个特殊的字符串，它能够转换为某种算法，根据这种算法来匹配文本对文本进行校验。这种表达方式特别适用于表示允许值为格式化字符串的值域。

(5) 文字描述：对于一些难以用计算机实现自动处理的值域，可以采用文字描述，由操作人员阅读描述内容并理解其含义后，再判断值域的允许值。

5.7　数据分类与编码

5.7.1　数据分类与编码概述

1. 数据分类与编码的定义

(1) 数据分类定义。

数据分类是指根据内容的属性或特征，将数据按一定的原则和方法进行区分与归类，并建立起一定的分类体系和排列顺序。数据分类有两个要素：一是分类对象；二是分类依据。分类对象由若干个被分类的实体组成，分类依据则取决于分类对象的属性或特征。

(2) 数据编码定义。

数据编码是指将事物或概念(编码对象)赋予具有一定规律、易于计算机和人识别处理的符号，并形成代码元素集合。代码元素集合中的代码元素就是赋予编码对象的符号，即编码对象的代码值。所有类型的数据都能够进行编码，如关于产品、人、国家、货币、程序、文件、部件等的信息。

2. 数据分类与编码标准化的作用

数据分类与编码标准化是简化信息交换、实现信息处理和信息资源共享的重要前提，是建立各种信息管理系统的重要技术基础和信息保障依据。通过分类与编码标准化，可以最大限度地消除信息命名、描述、分类和编码不一致造成的混乱与误解等现象，可以减少信息的重复采集、加工、存储等操作，使事物的名称和代码的含义统一化、规范化，为信息集成与资源共享提供良好基础。

(1) 用于信息系统的共享和互操作。

实现信息系统的共享和互操作的前提与基础是各信息系统之间传输、交换的信息具有一致性，并需建立在各信息系统对每一信息的名称、描述、分类和代码共同约定的基础上。

信息分类与编码标准作为信息交换和资源共享的统一语言，不仅为信息系统间资源共享创造了必要的条件，而且还使各类信息系统的互通、互联、互操作成为可能。

(2) 统一数据的表示法。

信息分类与编码标准化是信息格式标准化的前提，通过统一数据的表示法，可以减少数据交换、转换所需的成本和时间，方便数据交换。

(3) 提高信息处理效率。

信息分类与编码标准化是提高劳动生产率和科学管理水平的重要方法。信息分类与编码标准化使信息的命名、描述、分类与编码达到统一，可以优化数据的组织结构，提高信息的有序化程度，降低数据的冗余度，从而提高信息的存储效率。

5.7.2 数据分类的基本原则和方法

数据分类就是把具有某种共同属性或特征的数据归并在一起，通过其类别的属性或特征来对数据进行区别。为了实现互联互通、资源共享和信息交换与处理，必须遵循约定的分类原则和方法，按照信息的内涵、性质及管理的要求，将系统内所有信息按一定的结构体系分为不同的集合，从而使得每个信息在相应的分类体系中都有一个对应位置。

1. 基本原则

数据分类应遵循稳定性、系统性、可扩充性、综合实用性、兼容性等原则。

(1) 稳定性：依据分类的目的，选择分类对象最稳定的、本质的特性作为分类的基础和依据，以确保由此产生的分类结果最稳定。

(2) 系统性：将选定的分类对象的特征(或特性)按其内在规律系统化地进行排列，形成一个逻辑层次清晰、结构合理、类目明确的分类体系。

(3) 可扩充性：在类目的设置或层级的划分上，留有适当的余地，以保证分类对象增加时，不会打乱已经建立的分类体系。

(4) 综合实用性：从实际需求出发，综合各种因素来确立具体的分类原则，使由此产生的分类结果总体最优、符合需求、综合实用和便于操作。

(5) 兼容性：有相关的国家标准则应执行国家标准，若没有相关的国家标准，则执行相关的行业标准；若二者均不存在，则应参照相关的国际标准执行。

2. 分类方法

数据分类方法主要有线分类法、面分类法和混合分类法。

(1) 线分类法。

线分类法是将分类对象按所选定的若干个属性(或特征)逐次地分成相应的若干个层级的类目，并排成一个有层次的、逐渐展开的分类体系。在这个分类体系中，一个类目相对于由它直接划分出来的下一级类目而言，称为上位类；由一个类目直接划分出来的下一级类目称为下位类；由本类目的上位类直接划分出来的下一级各类目彼此称为同位类。同位类类目之间存在着并列关系，下位类与上位类类目之间存在着隶属关系。

如通信工程可以分为光通信工程、程控交换工程、卫星通信工程、短波通信工程、超短波通信工程、微波通信工程等。

(2) 面分类法。

面分类法是将所选定的分类对象的若干属性(或特征)视为若干个"面"，每个"面"中又可分成彼此独立的若干个类目。使用时，可根据需要将这些"面"中的类目组合在一起，形成一个复合类目。

如科研项目分类采用面分类法，可按照科研项目类型、项目经费来源和项目级别进行划分，如表 5-6 所示。按照项目类型可分为科技类、社教类、医科类等；按照项目经费来源可分为国家自然科学基金、国家 863 计划项目、卫生部经费等；按照项目级别可分为国家级、军队级、省部级等。

表 5-6　科研项目分类

项目类型	项目经费来源	项目级别
科技类	国家自然科学基金	国家级
社教类	国家 863 计划项目	军队级
医科类	卫生部经费	省部级

(3) 混合分类法。

混合分类法将线分类法和面分类法组合使用，以其中一种分类法为主，另一种方法做补充。对于一个较庞大且逻辑关系繁杂的分类体系，通常要选择混合分类法进行分类，也就是将线分类法和面分类法混合起来使用，以其中一种分类法为主。

对于逻辑层次关系清晰且具有隶属关系的分类对象，采用线分类法进行划分。对于不具有隶属关系的分类对象，可选定分类对象的若干属性(或特征)，采用面分类方法进行划分，即先将分类对象按每一属性(或特征)划分成一组独立的类目，每一组类目构成一个"面"，再按一定顺序将各个"面"平行排列。

5.7.3　数据编码的基本原则和方法

1. 基本原则

编码是将事物或概念赋予有一定规律性的，易于人或计算机识别和处理的符号、图形、颜色、缩减的文字等，是交换信息的一种技术手段。编码的目的在于方便使用，在考虑便于计算机处理信息的同时还要兼顾手工处理信息的需求。数据编码应遵循唯一性、匹配性、可扩充性、简洁性等基本原则。

(1) 唯一性：在一个编码体系中，每个编码对象仅有一个代码，一个代码表示一个编码对象。

(2) 匹配性：代码结构应与分类体系相匹配。

(3) 可扩充性：代码应留有适当的后备容量，以便适应不断扩充的需要。

(4) 简洁性：代码结构应尽量简单，长度应尽量短，以便节省存储空间和减少代码的差错率。

在上述原则中，有些原则彼此之间是相互冲突的，如：一个编码结构为了具有一定的可扩充性，就要留有足够的备用码，而留有足够的备用码，在一定程度上就要牺牲代码的简洁性，那么代码的简洁性必然要受影响。因此，设计代码时必须综合考虑，做到代码设计最优化。

2. 编码方法

根据编码对象的特征或所拟定的分类方法不同，编码方法也不尽相同。编码方法不同，产生的代码的类型也不同。代码分为有含义代码和无含义代码两类。有含义代码能够承载一系列编码对象的特征信息，而无含义代码不承载编码对象的特征信息，用代码的先后顺序或数字的大小来标识编码对象。常见的代码类型如图 5-8 所示。

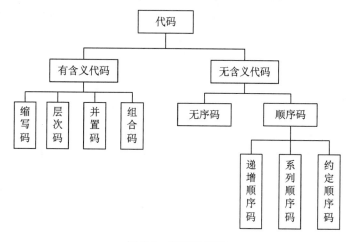

图 5-8　代码类型图

(1) 缩写码编码方法。

缩写码是按一定的缩写规则从编码对象名称中抽取一个或多个字符而生成的代码。这种编码方法的本质特性是依据统一的方法缩写编码对象的名称，将取自编码对象名称中的一个或多个字符赋值成编码来表示。

缩写码编码方法的优点是：用户容易记忆代码值，从而避免频繁查阅代码表；可以压缩冗长的数据长度。缺点是：编码时需依赖编码对象的初始表达(语言、度量系统等)方法；常常会遇到缩写重名问题。

(2) 层次码编码方法。

层次码编码方法以编码对象集合中的层级分类为基础，将编码对象编码成连续且递增的组(类)。位于较高层级上的每一个组(类)都包含并且只能包含其下面较低层级全部的组(类)。这种代码类型以每个层级上编码对象特性之间的差异为编码基础，每个层级上编码对象的特性必须互不相容。层次码的一般结构如图 5-9 所示。

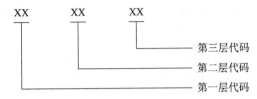

图 5-9 层次码的一般结构图

层次码编码方法的优点是：易于编码对象的分类或分组；便于逐层统计汇总；代码值可以解释。缺点是：限制了理论容量的利用；因精密原则而缺乏弹性。

(3) 并置码编码方法。

并置码是由一些代码段组成的复合代码。这些代码段描述了编码对象的特性，这些特性是相互独立的。这种编码方法的编码表达式可以是任意类型(顺序码、缩写码、无序码)的组合，且此编码方法侧重于对编码对象特性的标识。

并置码编码方法的优点是：以代码值中表现出的一个或多个特性为基础，较简单地对编码对象进行分组。缺点是：因需要含有大量的特性，导致每个代码值有许多字符；难以适应新特性的要求。

(4) 组合码编码方法。

组合码也是由一些代码段组成的复合代码，这些代码段提供了编码对象的不同特性。组合码与并置码不同的是，它的特性相互依赖并且通常具有层次关联性。组合码编码方法常用于标识目的，以覆盖宽泛的应用领域。组合码偏重于利用编码对象的重要特性来缩小编码对象集合的规模，从而达到标识目的。

组合码编码方法的优点是：代码值容易赋予，有助于配置和维护代码值；能够在一定程度上解释代码值，有助于确认代码值。缺点是理论容量不能充分利用。

(5) 顺序码编码方法。

顺序码是按阿拉伯数字或拉丁字母的先后顺序来标识编码对象的。顺序码编码方法就是从一个有序的字符集合中顺序地取出字符分配给各个编码对象。顺序码编码方法可细分为递增顺序码编码方法、系列顺序码编码方法和约定顺序码编码方法。

① 递增顺序码编码方法。这种方法编码时，编码对象被赋予的代码值可由预定数字递增决定。预定数字可以是 1(纯递增型)或是 10(只有 10 的倍数可以赋值)，或者是其他数字(如偶数情况下的 2)等。用这种方法编码，代码值不带有任何含义。递增顺序码编码方法的优点是：能快速赋予代码值；编码表达式容易确认。缺点是：编码对象的分类或分组不能由编码表达式来决定；不能充分利用最大容量。

② 系列顺序码编码方法。这种编码方法根据编码对象属性(或特征)的相同或相似，将编码对象分为若干组，然后将顺序码分为相应的若干系列，并分别赋予各编码对象组。应注意的是，在同一组内，对编码对象应连续编码。这种编码方法首先要确定编码对象的类

别，按各个类别确定它们的代码取值范围，然后在各类别代码取值范围内对编码对象顺序地赋予代码值。系列顺序码编码方法的优点是：能快速赋予代码值；编码表达式容易确认。缺点是不能充分利用最大容量。

③ 约定顺序码编码方法。约定顺序码不是一种纯顺序码，只能在全部编码对象都预先知道，并且编码对象集合将不会扩展的条件下才能顺利使用。在赋予代码值之前，应是对编码对象按某些特性进行排序，这样得到的编码对象顺序再用代码值表达，而这些代码值本身也应是从有序的列表中顺序选出的。约定顺序码编码方法的优点是：能快速赋予代码值；编码表达式容易确认。缺点是不能适应将来可能的进一步扩展。

5.8　数据生命周期管理

5.8.1　数据生命周期管理概述

1. 数据生命周期的定义

数据生命周期是指某个集合的数据从创建到销毁的过程，分为采集、处理、存储、交互、应用、销毁等阶段。在数据生命周期中，数据价值决定着数据生命周期的长度，并且数据价值会随着时间的变化而递减。

2. 数据生命周期管理的定义

数据生命周期管理是指管理业务数据从创建到删除的过程。随着数据资源在管理中的地位日渐提高，数据管理者必须为数据管理的各流程环节配套制订相应的管理方法、策略与政策，从而推动数据生产、使用、治理，实现效益最大化。数据生命周期管理是一种基于策略的方法，用于管理信息系统的数据在整个生命周期内的流动(从数据创建和初始的存储，直到过时被删除或销毁)。

5.8.2　数据生命周期管理模型

数据生命周期管理模型定义了一个宏观的框架，它是从生产阶段到消费阶段的数据生命的全景视图。数据生命周期管理模型的目标是优化数据管理，提高效率，降低成本，以提供适合最终用户使用的数据产品，满足预期的质量要求，这和资产生命周期管理的目标是一致的。但是，因为数据有很多自身的特点，所以数据生命周期管理又与资产全生命周期管理目标不完全相同。在数据管理领域，学术界和企业界的许多研究人员提出了不同的数据生命周期管理模型。典型数据生命周期管理模型见表 5-7 所示。

表5-7　典型数据生命周期管理模型

序号	模　型	提出主体	提出目的	内容简介
1	CSA 模型	云安全联盟(CSA)(是管理安全运计算环境的世界领先组织)	为云计算模型中的数据安全而设计	数据模型有 6 个阶段，分别是创建、存储、使用、共享、存档和销毁阶段
2	DataONE 模型	"数据一号"组织(是由美国国家基金会资助的一个组织)	为生物和环境科学研究提供数据保存和再利用	拟议的数据生命周期包括收集、保证、描述、存放、保持、发现、集成和分析
3	DDI 模型	数据文件倡议(DDI)(是大学间政治和社会研究联合会(ICPSR)的一个项目)	试图为社会科学数据资源的描述生成元数据规范	模型包括概念研究、数据收集、数据处理、数据存档、数据分发、数据发现、数据分析和重新调整用途
4	DigitalNZ 模型	新西兰国家数字档案馆	为存档和使用数字信息而设计	模型包括选择、创建、描述、管理、保存、发现、使用和复用
5	生态信息学模型	—	旨在通过发现、管理、集成、分析、可视化、保存相关数据和信息的创造性工具与方法来构建新知识	模型包括计划、收集、保证、描述、保存、发现、集成和分析
6	一般科学模型	科学机构	专门为数据存档和处理而设计	模型包括计算、收集、集成和转换、发布、发现和通知以及存档或丢弃
7	地理空间模型	联邦地理数据委员会(FGDC)	旨在为地理和相关空间数据活动探索和保存有价值的信息	模型包括定义、清点/评估、获取、访问、维护、使用/评估和归档
8	德乌斯托大学模型	西班牙德乌斯托大学的一组研究人员	用于智能城市数据管理	模型包括发现、捕获、管理、存储、发布、连接、利用和可视化
9	JISC 模型	管理研究数据方案下的联合信息系统委员会(JISC)	为实现用户之间的数据共享而设计	模型包括计划、创建、使用、评估、发布、发现和复用
10	英国数据存档模型	英国数据档案馆	侧重于数字数据的获取、管理和存档	模型包括创建数据、处理数据、分析数据、保持数据、访问数据和复用数据，并将它们组织为一个周期
11	USGS 模型	美国地质调查局(USGS)数据集成社区(CDI)	用于评估和改进管理科学数据的政策与实践，并确定需要的新工具和标准	主要的模型元素是计划、获取、处理、分析、保存和发布/共享。此外，横切模型元素还附带了描述、管理质量、备份和安全等步骤
12	北京邮电大学模型	北京邮电大学的一个研究小组	用于云计算环境中的数据安全	模型有 5 个阶段，分别是创建、存储、使用和共享、存档和销毁

续表

序号	模　型	提出主体	提出目的	内容简介
13	PII 模型	—	从个人信息保护的视角提出	模型包括采集、处理、存储、转移和维护
14	DAMA 模型	DAMA(国际数据管理协会)	企业数据管理的理论框架只给出了阶段划分，并没有详细说明每个阶段的具体内容	开始获取数据之前，企业应先制定数据规划，定义数据规范，然后进行开发实施、创建和获取、维护和使用、存档和检索，最后是清除

5.8.3　数据生命周期管理阶段

数据资源管理是一个全生命周期的管理过程，以数据资源作为管理对象，以定制化的数据战略为向导，从整体目标出发，统筹考虑数据相关建设的规划、投资、设计、建设、运行、维护、核查、变更等各要素问题，涉及数据的采集、处理、存储、交互、应用、销毁等使用管理阶段，在满足安全、效能的前提下有效管理与监控数据的生产与使用情况，优化数据资源质量，实现数据资源的业务价值。

数据生命周期管理过程分为如下阶段(如图 5-10 所示)。

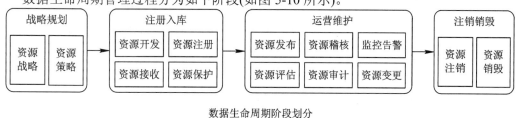

图 5-10　数据生命周期管理阶段图

(1) 战略规划阶段。

在战略规划阶段，按照业务需要和业务发展要求，建立数据管理的总体规划，并制订帮助数据提供者与消费者运营和发展的服务战略。该阶段主要包含制订数据资源战略和制订数据资源策略等关键任务和活动。

(2) 注册入库阶段。

在注册入库阶段，按照数据资源战略规划和数据资源战略计划进行数据管理的设计、建设和交付。针对需求进行分析设计，根据战略规划阶段的要求与规范，定义数据资源的结构等，是数据资源管理的重要组成。该阶段主要包含数据资源开发、数据资源注册、数据资源接收、数据资源保护等关键任务和活动。

(3) 运营维护阶段。

在运营维护阶段，对数据资源的有效使用进行管控，确保数据管理健康运营。运营维护包含数据资源发布、资源稽核、监控告警、资源评估、资源审计、资源变更等方面。这些方面具体体现为：提供数据给授权的用户使用；对数据资源进行盘点，监控数据的使用情况，并对数据访问记录进行审计；对数据从战略规划到运营维护阶段的情况进行全方位、多维度的统计分析，以及对数据内容标准化、合规性进行稽核与评价，并根据评估结果有目的地对数据资源管理方法模式进行改进和完善。

(4) 注销销毁阶段。

在注销销毁阶段，对无效和失效的数据资源进行清理，主要包括数据资源注销、销毁等任务和活动。在注销销毁阶段，对已失效的资产由管理者注销数据，并由运维者销毁数据对象。

5.8.4　数据生命周期管理架构

基于数据生命周期的管理过程，数据资源管理主要包含了数据资源的盘点梳理与价值评估。数据生命周期管理架构主要包含了接口管理、权限管理、数据资源统计分析、数据资源变更管理、数据资源运行审计管理、注册管理等部分，如图 5-11 所示。

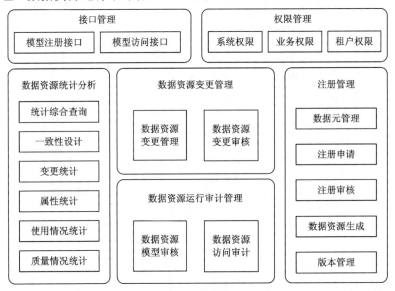

图 5-11　数据生命周期管理架构图

(1) 接口管理：与元数据管理模块、数据质量管理模块、数据安全管理模块对接，收集相关模块的基础数据，用于完成数据资源的注册、核查及安全管理等工作。

(2) 权限管理：对接数据安全管理模块，设置系统、业务和用户对数据资源访问的相关权限。

(3) 数据资源统计分析：支持对数据的属性、变更、质量、访问情况等信息的统计分析，依据这些信息还可以对数据资源进行综合评估。

(4) 数据资源变更管理：支持已注册数据资源信息的变更维护，并进行相关审核。

(5) 数据资源运行审计管理：支持对数据资源的盘点以及对数据访问记录的审计。

(6) 注册管理：对数据资源进行注册管理，并提供审核及版本控制等功能。

第6章 数据采集技术

6.1 数据采集概述

6.1.1 数据采集基本概念

数据采集是指根据系统自身的需求和用户的需要来收集相关数据的过程。这些数据可以是数字化的，也可以是非数字化的，可来自不同的来源，如传感器、数据库、互联网等。数据采集技术是信息获取的主要手段和方法，是以传感器、电子和计算机等技术为基础的一种综合应用技术。数据采集技术是信息技术的基础和前提及首要环节，可以为后续的信息传输、处理、存储、显示和应用等提供支撑。

按采集对象类型划分，数据采集可分为软件数据采集和硬件数据采集。软件数据采集可从信息系统的数据库、通信报文、文件或对外接口中进行数据获取；硬件数据采集一般将要获取的信息通过传感器转换为信号，并经过信号调理、采样、量化、编码和传输等步骤得到最终的数据样式。这两种类型采集的数据最终均由计算机系统进行处理、分析、存储和显示。

6.1.2 数据采集方法

1. 人工数据采集

人工数据采集是一种通过人工手段获取数据的方式。在进行人工数据采集时需要注意合法合规、精细化设置、数据清洗和安全保障等事项。其优点在于精确度高、可控性强和可扩展性好，但也存在速度慢、成本高和可靠性差等缺点。其应用范围非常广泛，在市场调研、竞品分析、信息搜集、舆情监测和数据分析等领域中都有广泛的应用前景。

2. 直连数据库采集

直连数据库采集是一种高效、快捷的数据采集方式，具有速度快、准确性高、可定制性强、操作简单、支持多种数据库类型和数据格式、节省成本、可扩展性强以及适用范围广等特点，主要适用场景为需要进行大规模数据采集，并保证数据准确性和完整性的情况。

利用这种方法采集数据时，直连数据库需要使用用户名和密码进行授权，如果没有正确配置数据库访问权限，则有可能导致数据库被非法访问或者攻击，存在一定的安全风险，但其优点在于可以避免中间环节的干扰，直接从源头获取数据，保证数据的准确性和完整性。

3. 串口数据采集

串口数据采集是一种利用串口通信完成数据采集的方式。串行接口是采用串行通信方式的扩展接口，可以将来自 CPU 的并行数据字符转换为连续的串行数据流发送出去，同时可将接收的串行数据流转换为并行的数据字符提供给 CPU 的器件。利用串口数据采集方法，通常可以完成网络通信模块、短信猫、LED 大屏幕、身份证阅读器等外置设备信息的采集。其特点是通信线路简单，只要一对传输线就可以实现双向通信(可以直接利用电话线作为传输线)，特别适用于远距离通信，传输成本低，但传输速度较慢。

4. 系统日志采集

系统日志采集是一种采集系统的软硬件日志文件的数据采集方式。系统日志记录系统中硬件、软件和系统问题的信息，同时还可以监视系统中发生的事件，用户通过分析系统日志来检查错误发生的原因或者寻找设备受到攻击时攻击者所留下的痕迹。系统日志采集方法主要用于收集公司业务平台、Web 应用程序等产生的大量日志数据，提供给离线和在线的数据分析系统使用，并通过进行比对分析和数据挖掘，能够帮助企业更精准地了解用户情况，了解设备的运行情况及安全状态，能够帮助企业提高对用户的服务能力，进而提升营销策略，实现智能运维和统一管控。这些对于企业来说都是非常有价值的。

5. 消息队列数据采集

消息队列数据采集是一种基于存放消息的队列完成数据采集的方式。数据生产者(或发布者)负责将数据放入队列中，而数据使用者则负责从队列中读取数据并进行相应的处理。消息队列提供了一种解耦的方式，使得数据生产者和数据使用者之间可以独立运行，并且能够处理高并发的数据流。消息队列数据采集方法具有异步处理、可靠性、扩展性和一定的缓冲存储等优点，主要应用于大规模的分布式系统和实时数据处理场景。

6. 网络数据采集

网络数据采集是指通过网络爬虫、网站公开 API 等方式从网站上获取数据信息的数据采集方式。数据采集时，网络爬虫可以从若干初始网页的 URL 开始，获得各个网页上的目标内容，并将非结构化数据、半结构化数据从网页中提取出来，以结构化数据的形式存储在本地存储系统中，可支持图片、音频、视频等文件或附件的采集，附件与正文可以自动关联。网络数据采集主要应用于舆情预测、情报分析、知识构建等场景。

7. 感知设备数据采集

感知设备数据采集是指通过传感器、摄像头和其他智能终端自动采集信号、图片或视频来获取数据。智能感知系统需要实现对结构化、半结构化、非结构化的海量数据的智能化识别、定位、跟踪、接入、传输、信号转换、监控、初步处理和管理等，其关键技术包括针对数据源的智能识别、感知、适配、传输、接入等。感知设备数据采集通常用于智能化系统、物联网等领域。

6.2 人工数据采集技术

6.2.1 人工数据采集原则

为从整体上规范数据采集工作，人工数据采集应做到普遍采集与重点采集相结合、上级采集与自身采集相结合、随时采集与定时统计相结合。普遍采集与重点采集相结合既需要做到按数据采集标准体系进行普遍采集，也需要对核心业务内容进行重点采集；上级采集与自身采集相结合既需要结合上级需求进行数据采集，也需要对自身管理数据进行采集；随时采集与定时统计相结合既需要按照时间进程对核心业务进行随时采集，也要对其他非核心业务进行定时采集。

6.2.2 人工数据采集方法

人工数据采集主要方法如表 6-1 所示。

表 6-1　人工数据采集主要方法

方　法	描　述
现场记录法	负责数据采集的人员依据统一的要求和分工，在数据采集现场使用各种数据采集工具、器材，按数据采集表所列的项目及时、准确地记录和填写各种数据。要防止漏记、错记。一旦发现错漏现象，不应随意涂改，而应对所采集项目重新采集
统计整理法	对分散采集的各种现实数据进行统计和核实，对搜集的各种经验和理论数据进行统一整理，使之形成系统、完整、配套的数据档案。通常应逐级统计，逐级整理
随机抽样法	对于采集的各种数据，主要是现场数据，由上级负责数据采集的人员对有代表性的采集对象和采集项目等进行随机抽样采集，并进行比对，以此验证各种采集数据的准确程度和可靠程度
考核验收法	依据数据采集及相关行业的标准，考核、验收各种采集数据的质量，以确保采集的各种数据符合标准格式
重点试验法	针对重点采集内容，按照数据采集标准所列的项目，集中人力、器材以及各种保障条件进行专项的重点试验；以确保采集出能反映数据真实水平和主要价值的标准数据，并使之成为范本数据
专家认定法	组织行业领域内理论权威较高、实践经验丰富的专家，对采集的各种数据的准确性、代表性、普遍性和实用性进行专门认定，对难以量化采集的各种数据进行量化性认定，从而实现对数据真实水平和主要价值的数据化评估

6.3　直连数据库采集技术

随着企业信息化的不断完善，大量的数据分散在各类数据服务信息系统、数据处理信息系统以及数据资源管理系统的数据库中。对于跨异地的数据管理系统来说，还存在数据库数据异地分散的情况。

在信息系统高度发达的今天，如何有效地利用分散在各类信息系统中的数据，并对这些数据进行有效的分析显得越发重要。信息系统数据的整合需求有很多方面，例如：在信息系统升级的过程中，需要将原系统的数据迁移到新业务系统中；对分散在不同信息系统中的历史数据以及异地分散的数据库中的数据，希望能够统一管理；期望建立有序的流程管理并维护应用之间的共享数据等。

由于平台性限制、领域限制等，导致数据库访问存在一定的局限性。为了实现异构信息系统多类型数据库的采集，需要完成两项核心工作：一是建立统一访问引擎，使数据库满足各种类型数据库的访问需求，并且能捕获数据变化情况；二是根据任务需求，进行全量/增量数据迁移。因此，直连数据库采集的关键技术是如何构建统一数据库访问引擎与数据库迁移。

6.3.1　统一数据库访问引擎

统一数据库访问引擎是一种软件组件，旨在简化和统一不同类型数据库的访问方式，提供统一的接口供应用程序与各种数据库系统进行交互。统一数据库访问引擎可以满足对异构信息系统多类型数据库之间的数据采集。它充当应用程序与数据库之间的桥梁，负责处理数据库操作请求，包括查询、插入、更新和删除数据等，特别是可以满足对各类型数据库的访问，感知其数据内容变化。

1．总体框架

统一数据库访问引擎的总体框架如图 6-1 所示。

(1) 通用数据库访问接口。

通用数据库访问接口为用户提供了各类数据库的访问接口，用来访问、控制数据库。基于通用数据库访问接口进行的封装，可以增加对 XML 信息的解析，以及将操作结果生成用户指定的 XML 形式。

(2) 配置管理工具。

配置管理工具提供了图形化的界面，为系统管理员提供基于角色和用户的细粒度权限控制手段，支持基于构件、席位、角色、用户的四级数据库访问控制授权机制，为管理员提供数据库的变更记录、对引擎服务的控制、数据库访问引擎的初始化配置和访问连接初始化配置。

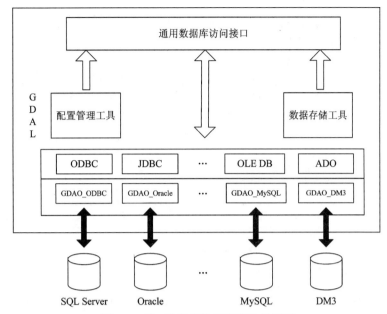

图 6-1　统一数据库访问引擎总体框架

(3) 数据存储工具。

数据存储工具可以有效扩充数据访问服务的功能，减少服务器与数据库的连接，有效降低请求响应的时间，提高用户体验。通过对缓存细粒度的管理，可降低数据库的访问频率，提升数据访问的速度和效率。

(4) 访问管理对象与实例。

访问管理对象向数据库访问接口发出连接请求，通过调用与数据库匹配的相关接口及服务，建立相应的数据访问实例，完成系统数据库的连接和通信。该管理方式能够有效解决不同数据库管理系统以及同一数据库不同版本的差异问题。

2．工作流程

统一数据库访问引擎为数据库与应用系统之间建立了数据桥梁，其工作流程如图 6-2所示。

(1) 数据库访问连接。

根据用户访问需求，查找数据资源所在的数据库，获取数据库基础信息并提出数据库访问连接的申请。

(2) 验证访问权限。

依据用户所具有的系统角色和数据的安全管理要求，对数据库访问连接请求进行严格控制，系统对不符合用户权限的数据访问申请进行拒绝。

(3) 匹配访问接口。

根据目标数据库的类型、版本，调用与之相对应的数据库访问接口，建立数据库访问实例，完成数据结构的完整性和一致性验证。

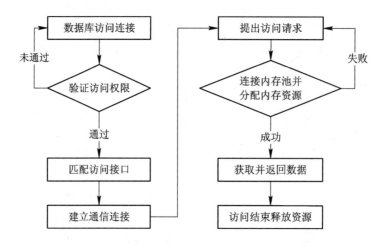

图 6-2　统一数据库访问引擎工作流程图

(4) 建立通信连接。

在用户对象和服务数据库的 IP 地址之间建立安全可靠的通信链路，确保数据传输的稳定性和数据线路的利用率。

(5) 提出访问请求。

用户在应用程序中进行数据操作或查询时，对所需数据提出请求，通过通信链路和访问接口到达数据库访问引擎。

(6) 连接内存池并分配内存资源。

根据各用户提出数据的时间，先后为其分配相应的内存块，并结合数据缓存优化技术，综合处理用户的数据请求并发送给对应的数据库。

(7) 获取并返回数据。

数据访问引擎从数据库获取目标数据后，反馈给申请的用户。

(8) 访问结束释放资源。

访问结束后，清理本次访问占用的数据资源，回收后可再次为其他访问提供服务。

3. 数据库访问接口技术

数据库访问接口为客户端和数据层的交互搭建了一座桥梁，多种格式数据入库、客户端提取数据等数据库交互均离不开数据库访问接口。通常，数据库厂商会提供多种数据库访问技术供软件开发者选用，选择合适的数据库访问技术能减轻服务器的负荷，加快数据访问速度，并对前台应用程序的开发效率及执行性能产生重大影响。不同的数据库访问技术具有不同的访问函数，软件开发的通用性较弱。因此，需要构建一种简便通用的数据库访问接口，使访问不同的数据库时可以自动选择某种高效的数据库访问技术。

目前主流的数据库访问技术有 ODBC(Open Database Connectivity，开放式数据互连)、JDBC(Java Data Base Connectivity，Java 数据库连接)、OLE DB(对象链接和嵌入数据库)、ADO(使用 ActiveX 数据对象)、DAO(使用数据访问对象)、PRO*C/C++、OCI、OCCI 等技术。

(1) ODBC 数据库访问技术。

ODBC 是由 Microsoft 公司于 1991 年提出的一个用于访问数据库的统一界面标准，是为解决异构数据库间的数据共享而产生的。它通过使用相应应用平台上和所需数据库对应的驱动程序与应用程序的交互来实现对数据库的操作，避免了在应用程序中直接调用与数据库相关的操作，从而提高了数据库的独立性。ODBC 为异构数据库访问提供了统一接口，允许应用程序以 SQL 为数据存取标准，存取不同数据库管理系统管理的数据，使应用程序直接操纵数据库中的数据，免除访问接口需随数据库的改变而改变。

(2) JDBC 数据库访问技术。

JDBC 是一种主要用于访问 Java 数据库的统一界面标准，是用于执行 SQL 语句的 Java API，可以为多种关系数据库提供统一访问接口，由一组用 Java 语言编写的类和接口组成。JDBC 提供了一种异构数据库的基本标准，可以作为基础构建更高级的工具和接口。JDBC 是在 ODBC 的基础上发展起来的，保留了 ODBC 的基本设计特征。相比于 ODBC，JDBC 在 Java 风格与优点的基础上进行了优化，因此更加易于使用。

(3) OLE DB 数据库访问技术。

OLE DB 在设计上与 JDBC 是基本相同的，都是面向对象的数据库接口且可在 ODBC 上实现的类。其 API 依赖于 Windows 平台，接口相对简单，便于二次开发，适合于多种数据源，通用性比较强，但是要取得完整的数据源信息很难，需要安装 OLE DB 驱动程序。

(4) 其他数据库访问技术。

其他数据库访问技术的通用性不尽相同。如 ADO 支持多种类型数据库，DAO 仅支持 Access 数据库。相同的数据库访问技术应用于不同数据库，其性能也不尽相同。各种数据库访问技术接口的控制层次不同，编程复杂度也不相同，如 OCI 是 Oracle 数据库的最底层数据访问接口，也是最复杂和开发难度最大的，而 OCCI 是对 OCI 的封装，属于高层控制接口，编程难度较低。

主流数据库访问技术的比较如表 6-2 所示。

表 6-2　主流数据库访问技术比较表

技　术	性　能	通　用　性	编程复杂度	控制层次
ODBC	低	支持所有关系型数据库	较简单	高层
JDBC	低	支持基于 Java 的所有关系型数据库	较简单	高层
OLE DB	较高	支持所有数据库	复杂	底层
ADO	中	支持所有数据库	较简单	高层
DAO	中	支持 Access 数据库	简单	高层
Pro*C/C++	很高	支持 Oracle 数据库	简单	底层
OCCI	很高	支持 Oracle 数据库	较简单	底层
OCI	非常高	支持 Oracle 数据库	复杂	底层

4. 数据变化捕获技术

数据变化捕获技术是数据集成、抽取与访问中的一项重要技术，按响应方式分为被动和主动两种。

(1) 被动的数据变化捕获技术。

被动的数据变化捕获技术是指通过外部应用程序对数据库日志进行扫描，当收到捕获数据命令或者到达特定时间间隔时，数据库的数据变化被外部应用程序所捕获。目前，主要采用的是日志分析方法。

被动数据变化捕获技术的核心是对数据库日志进行扫描。为了保持数据的一致性，数据库必须遵循以下一些日志规则：① 在事务提交日志记录输出到硬盘前，与事务有关的所有日志记录必须已经输出到硬盘中；② 在内存中的数据块输出到硬盘前，所有与该数据块中数据有关的日志记录必须已经输出到硬盘中。因此，日志记录了数据库的所有操作。通过对日志的扫描，分析日志记录信息，能够得到数据的变化。

(2) 主动的数据变化捕获技术。

主动的数据变化捕获技术大多采用对具体数据库对象建立触发器或类似触发器机制，在数据改变的同时主动地、实时地向外界反映数据的变化，其主要的实现手段是触发器。触发器是事先编译好并存储在数据库中的。编写触发器使用的语言是过程化 SQL 语言(Procedural Language/SQL，PL/SQL)。编写和编译触发器的方式和编写数据存储过程是一样的。使用触发器方式，主要工作在初始化阶段，也就是创建捕获触发器的过程。触发器建立后，捕获工作就由数据库自动调用这些触发器来完成。由于每个表上的触发器要完成的功能一致，因此可以通过使用统一的模板创建。

在数据库相应数据表上针对插入、删除和修改三项操作可分别建立插入触发器、修改触发器和删除触发器。每种触发器完成的功能如下：① 插入触发器能够判断新记录是否满足记录过滤条件，若满足条件则抽取指定字段的数据；② 修改触发器能够判断新旧记录是否满足记录过滤条件，若新旧记录都满足，则记录修改前后指定字段的数据，若旧记录不满足而新记录满足，则只记录修改后指定字段的数据，若旧记录满足而新记录不满足，则记录删除标志；③ 删除触发器能够判断旧记录是否满足记录过滤条件，若满足则删除标志，若不满足则不记录。

6.3.2 数据库迁移

数据库迁移是指在新旧信息系统进行替换时，将旧(原)系统的遗留数据通过一次或者多次转换导入新系统的过程。在数据资源管理过程中，通过数据库迁移可以使数据管理平台全量数据获取多个业务系统的数据，以便进行后续的整合管理与分析。

1. 数据库迁移的原则

由于旧系统建设情况复杂、特殊业务多、新旧系统差异大，因此对数据库迁移工作提出了很高的要求。数据库迁移需遵循如下原则：

(1) 准确。通过严格、充分的核对及校验保证新旧系统数据的一致性，并通过数据普查、自查等手段，保证应用数据的完整性、业务数据的准确性。

(2) 有序。依据信息系统应用的逻辑关系与重要程度，规划数据库迁移内容的先后顺序，对迁移数据进行分类，基础类、档案类和维护量大的数据优先迁移，不变更、使用率低的历史数据空闲时迁移。

(3) 高效。利用前期调研数据，获取数据库类型、数据分布情况以及数据量情况，针对不同的数据对象，通过严格测试，选择执行效率高、安全性高的数据处理方法，保证数据库迁移过程占用资源少、时间短，最大限度减少迁移过程的人工参与程度。

2. 数据库迁移的策略

数据库迁移的策略是指进行数据迁移所采用的方法。数据库迁移可分为一次迁移、分次迁移、先录后迁、先迁后补等方式。

一次迁移是指用已有的数据库迁移工具或者已完成的迁移程序，把那些需要的历史数据一次性全部迁移到新系统中。前提是新旧数据库的环境没有太大差异，并且在允许的宕机时间内能尽可能迁移完成所有数据。相对于分次迁移，一次迁移的优点是，迁移时涉及的问题少，迁移实施的过程短，风险相对比较低。其缺点是人力、物力消耗大，实施数据库迁移的人员需要在整个过程中监控迁移，在迁移过程耗费时间过长的情况下，实施人员很可能会感觉疲劳。

分次迁移是指用已有的数据库迁移工具或者已完成的迁移程序，把那些需要的历史数据分批次迁移到新系统中。由于分次迁移是将迁移任务分开进行的，因此不需要考虑一次迁移时要求在允许的宕机时间内完成所有数据迁移的问题。但是这也带来了新的问题，即分次迁移后，必定会需要对数据进行多次合并，这也就增加了出错的概率。因此需要对先切换的数据进行一个同步的过程，以保证数据的一致性，这也增加了迁移的复杂度。通常情况下，分次迁移首先在系统切换前将静态数据和变化不频繁的数据库进行迁移，例如用户信息、代码等；然后在系统切换时将动态数据进行迁移，例如交易数据；最后每天将静态数据库迁移之后发生的数据变更同步到新系统中，也可以在系统切换时通过增量同步的方式将数据同步到新系统中。

先录后迁是指在系统切换前，先手动把那些重要数据录入新系统中，等到系统切换时再迁移其他数据。这种数据库迁移策略用于新旧系统的数据结构存在某种特定差别的情况。例如新系统启用时，部分初期的数据没办法从现存的历史数据中得到。这种情况下，就可以在系统切换前通过手工录入。

先迁后补和先录后迁相对应，是指首先用已有的数据库迁移工具或者已完成的迁移程序，将旧系统的数据库迁移到新系统中，然后根据配套程序、相关功能及原始数据进行配置，最后转换成所需数据。先迁后补的优点是可以适当缩减迁移的数据量。

3. 数据库迁移的流程

数据库迁移的主要内容是原始数据库中的所有数据。这些数据首先是原始数据库的环境信息，包括服务器名、数据库名、用户名、密码等；其次是数据库表定义的基本信息，包括表、表的主从数据行、表的各种模式以及类型等；最后是列信息以及键值信息，包括列名、类型、长度、是否为空、主键名、外键名、外键关联列等(以上信息用于数据库中表的逻辑和物理构成的转换创建以及关联映射)。有了上述数据才能够根据需求进行异构数据库间的数据格式以及类型转换。

在系统的移植过程中，数据库迁移包含如下几项重点活动：首先是针对旧系统进行数据字典分析以及数据质量分析；其次是对新开发系统也进行数据字典分析和数据质量分析；再次是需要找到新旧两个系统的数据之间差异和共同点，建立两者的关联映射关系以便进行数据迁移；然后进行数据移植开发程序或使用工具的部署工作，并确立在转换过程中出现抛出异常的应急方案等；最后是在数据成功迁移后对数据的有效性和系统的稳定性进行验证以及测试工作。根据实施的先后顺序，数据库迁移流程大体分为以下三个阶段(如图 6-3 所示)。

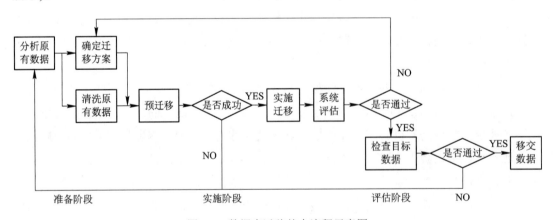

图 6-3　数据库迁移基本流程示意图

(1) 准备阶段。这个阶段的工作是对旧数据库的数据组织结构进行分析，并对原有数据字典进行理解，同时分析已存在数据的质量。具体到信息系统的迁移工作上，首先对原有信息系统所收集的数据的数据量、数据库集中数据的时间跨度、两个系统数据字典的异同、数据存储方式的差异进行分析；其次对新旧系统中数据的差异制订处理方案。

(2) 实施阶段。这个阶段的工作是首先对前一个阶段制订的方案进行实施，即按照既定方案部署数据库迁移程序，配置迁移环境，转换并抽取数据，最后导入目的数据库。

(3) 评估阶段。这个阶段的工作是对数据库迁移结果在新系统中的运行效果进行判断和测试，以保证迁移数据的完整性、业务逻辑的准确性和迁移前后数据的一致性。一般使用两种方式进行测试：一是通过编写程序，测试新系统与旧系统数据的契合度，看新系统是否能够良好运行，称为白盒测试；二是通过组织业务人员使用各个业务功能模块来判断新系统和旧系统数据的契合度，称为黑盒测试。

4．数据库迁移的方法

数据库迁移时，通常基于 XML 和中间件实现异构数据库迁移，首先通过中间件技术屏蔽底层操作系统的复杂度，简化程序设计并提供更高层的应用程序编程接口，再通过使用 XML 定义数据传输的格式，实现数据信息的标准化。

基于 XML 和中间件技术的异构数据库迁移方案，是通过将多个旧数据库中的数据提取、转换后迁移至新数据库。各个旧数据库之间相互独立、接口各异，数据格式也不相同。这些异构数据库通过中间件连接起来，组成一个有机的整体，使用 XML 作为统一的数据格式实现数据的交换和资源的共享。

该方案中使用的数据库迁移策略既适用于一次迁移又适用于分次迁移，从而满足实际应用中各种数据库迁移的需要。在数据库迁移过程中，新数据库发出迁移信号，中间件接收到信号后，通过数据库连接件对旧数据库进行数据抽取，并将抽取出的数据转换为统一的 XML 文件，再通过数据库连接件写入新数据库中。其方案架构如图 6-4 所示。

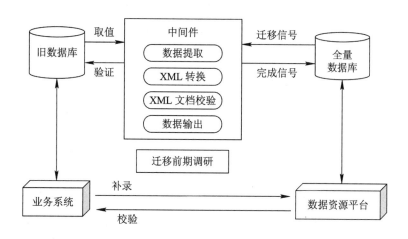

图 6-4　基于 XML 和中间件技术的异构数据库迁移方案架构图

在数据库迁移过程中，为了保证旧数据库数据的准确性以及使数据能够及时地从旧数据库迁移到新数据库，需要通过一系列环节来完成数据的采集与迁移，包括数据采集、渠道配置、数据转换、数据库迁移、质量控制等，并且要求在迁移过程中记录系统事件、数据库迁移事件、系统异常事件等。异构数据库迁移方案工作流程如图 6-5 所示。

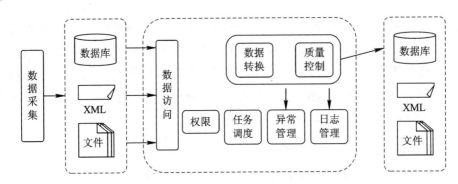

图 6-5　异构数据库迁移方案工作流程图

数据库迁移具体包括表结构、主键、外键、索引数据和视图的迁移，以及数据库与文件之间的相互迁移等。

(1) 表结构迁移。

表结构迁移是指在目标数据库中建立相应的表结构，通过数据库连接件的固有方法执行完成，其具体流程如图 6-6 所示。

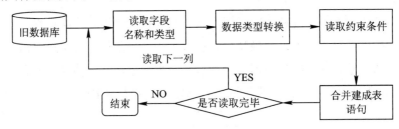

图 6-6　表结构迁移流程图

(2) 主键迁移。

主键迁移是指通过数据库连接件中获取主键的方法来抽取某表中的主键信息。由于可能存在一个主键建立在很多列中的情况，因此需要合并主键信息，才能合成最后的主键迁移语句。

(3) 外键迁移。

外键迁移是指利用数据库连接件中获取外键的方法获取旧数据库中表对象的外键信息。由于表和外键并不是必须一一对应的，当外键跟表是多对一的情况时，每个外键又可能与其他信息相关联，因此参考主键迁移方法，需要合并已存在的全部外键信息，才能合成最后的外键创建语句。

(4) 索引迁移。

索引迁移是指通过数据库连接件中获取索引的方法完成迁移。

(5) 数据迁移。

数据迁移流程如图 6-7 所示。首先分析旧数据库到数据库连接件的映射以获取数据类型，并根据数据类型找出对应程序的持久化数据表示，然后进行进一步的读写操作。

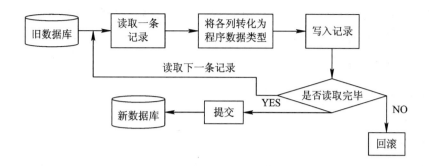

图 6-7　数据迁移流程图

(6) 视图迁移。

视图并不是一个真实的表，其内容由查找需求来定义。但是视图是带有名称的列和行数据，这点类似真正的表。从根本上来说，视图不像真正的表那样物理存储数据。查询视图时显示的结构实际上是根据相关联的表信息来动态查询的，所以在进行视图迁移时，只是迁移了视图的结构，并没有关联到视图所代表的表的数据。

目前没有通用的方法来完成视图迁移，由于普通表可以有引用视图，视图同样可以被视图所引用，因此容易出现视图迁移失败的情况。为解决上述问题，可以采用多次迁移的方法解决多视图之间多层嵌套引用关系的问题。

(7) 数据库与文件之间相互迁移。

数据库与文件之间的相互迁移，重点在于对文件的处理。要同时保证能将表中的数据写入文本文件中以及将文件中的数据迁移到数据库中，需要定义以下三种分隔符：① 列分隔符用来分隔某个表中不同列的字段；② 文本分隔符用于区分文本字段和其他字段；③ 行分隔符用来分隔某个表中不同行的数据。从文本迁移到数据库，同样需要通过这三个分隔。数据从数据库到文件的迁移流程如图 6-8 所示。

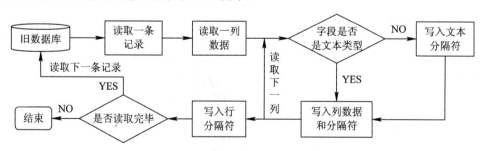

图 6-8　数据从数据库到文件的迁移流程图

6.4　串口数据采集技术

串行接口简称串口，也称串行通信接口(通常指COM 接口)，是一种采用串行通信方式的扩展接口。串行接口将数据一位一位地顺序传送。其特点是通信线路简单，只要一对传输线就可以实现双向通信(可以直接利用电话线作为传输线)，特别适用于远距离通信，传输成本低，但传输速度较慢。

6.4.1 串口相关技术

1. 串口协议

对于传统的实体终端，上报数据将串口作为标准端口，协议采用异步 RS-232 串口模式。下面简单介绍 RS-232 串口协议。

RS-232 串口有两种，分别是 9 针接口(也称为连接器)和 25 针接口。常用的为 9 针接口(简称 DB9-M)，其针脚排列如图 6-9 所示，针脚定义如表 6-3 所示。RTS(Request to Send)是指用 DTE 要求的 DCE 来传输数据；BCD 是指通信链路 DCE 已经连接完成，DTE 可以接收数据了；CTS(Clear to Send)是指同意发送数据，为了响应 RTS，是一个表示 DCE 准备好接收 DTE 发送数据的信号。如果是全双工通信，则 RS-232 串口不能使用 RTS 和 CTS；如果是半双工的通信，则可以使用 RTS 和 CTS。

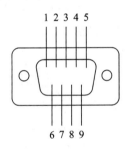

图 6-9 9 针接口针脚排列图

表 6-3 9 针接口针脚排列图

DB9-M	1	2	3	4	5	6	7	8	9
RS232	—	RXD	TXD	—	GND	—	RTS	CTS	—

2. 传输方式

在串口通信中，根据实际设计需要可以选择同步传输和异步传输两种传输方式。同步传输方式是指在传输过程中不需要在每个字符之间进行停止后再开始的操作，可提高串口通信效率。但由于传输过程复杂，因此收发两端的时间一致性要求比较高，不过对误差率要求比较低。同步传输方式适用于一端和多端之间的串口数据传递。异步传输方式是指对每个字符都需要完成开始和停止的操作，导致通信效率略低。由于传输数据很容易，因此对收发两端的时间一致性要求比较低，允许存在一定误差。异步传输方式适用于一端到一端的数据传送。

根据通信方向，串口通信可分为单工、半双工和全双工三种方式。单工通信通常使用一根导线，通信只在一个方向上进行，如监视器、打印机、电视机。半双工通信可以在两个方向上进行，但方向切换时有时间延迟，如打印机。全双工通信可以在两个方向上同时进行，且方向切换时没有时间延迟，适用于不能有时间延迟的交互式应用，如远程监控等。

3．端口参数

串口通信最重要的参数是波特率、数据位、停止位、奇偶校验位和空闲位等。通信端口间的这些参数必须匹配。

(1) 波特率。

波特率是一个衡量码元传输速率的参数，其表示每秒钟传送码元的个数。例如 300 波特表示每秒钟发送 300 个码元。串口通信的时钟周期就是指波特率，例如如果数据传输速率要求波特率为 4800，那么时钟就是 4800 Hz。这意味着串口通信在数据线上的采样率为 4800 Hz。通常电话线的波特率为 14400、28800 和 36600。数据传输时的波特率可以远远大于这些值，但是波特率和数据传输距离成反比。

(2) 数据位。

数据位是一个衡量数据通信时实际数据位的参数。当计算机发送一个信息包时，实际的数据不会全是 8 位的，有时可能是 5、6、7 或 8 位。如果数据使用简单的文本(标准 ASCII 码)，那么每个数据包使用 7 位数据。一个包是指一个字节，包括开始/停止位、数据位和奇偶校验位。实际数据位取决于通信协议的选取。串口通信数据帧格式如图 6-10 所示。

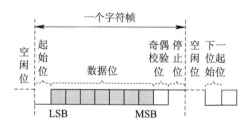

图 6-10　串口通信数据帧格式图

(3) 停止位。

停止位用于表示单个包的最后一位，典型值为 1、1.5 和 2 位。由于串口通信的数据是在传输线上定时传输的，并且每一个设备都有其自己的时钟，因此很可能在通信过程中出现两台设备间存在一定程度的不同步现象。因此停止位不仅表示数据传输的结束，而且给计算机提供校正时钟同步的机会。数据中用于停止位的位数越多，容忍不同时钟不同步的程度越大，但是同时数据传输率也越慢。

(4) 奇偶校验位。

在串口通信中存在偶、奇、高和低四种检错方式。对于奇偶校验的情况，串口通信会设置校验位(数据位后面的一位)，以确保传输数据有偶数或奇数个逻辑高位。这样使得接收设备能够知道位的状态，从而可以判断是否有噪声干扰或者存在数据传输不同步现象。

(5) 空闲位。

空闲位是指从一个字符的停止位结束到下一个字符的起始位开始的位，表示线路处于空闲状态，必须由高电平来填充。

6.4.2 网络相关技术

1. TCP/IP 传输协议

TCP/IP 传输协议，即传输控制/网络协议，是互联网的基本通信协议。TCP/IP 传输协议对互联网中的通信标准和方法进行了规范。TCP/IP 传输协议是保证网络数据及时、完整传输的两个重要协议。TCP/IP 传输协议严格来说是一个四层的体系结构，包括应用层、传输层、网络层和网络接口层。其中，应用层的主要协议有Telnet、FTP、SMTP等，用来接收来自传输层的数据或者按不同应用要求与方式将数据传输至传输层；传输层的主要协议有UDP、TCP，是用户使用平台和计算机网络内部数据的通道，可以实现数据传输与数据共享；网络层的主要协议有 ICMP、IP、IGMP，主要负责网络中数据包的传送等；网络接口层也叫网路访问层或数据链路层，主要协议有 ARP、RARP，主要功能是提供链路管理、错误检测、对不同通信媒介相关信息的细节问题进行有效处理等。图 6-11 所示为 OSI 七层模型与 TCP/IP 传输协议四层模型间的关系。

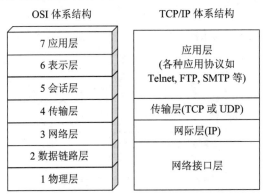

图 6-11　OSI 七层模型与 TCP/IP 传输协议四层模型间的关系图

2. TCP/UDP 协议

TCP 协议(传输控制协议)定义了两台计算机之间为了进行可靠传输而交换的数据和确认信息的格式，以及计算机为了确保数据的正确到达而采取的措施。该协议规定了软件怎样识别给定计算机上的多个目的进程以及如何对分组重复这类差错进行恢复，还规定了两台计算机如何初始化和结束一个数据流传输。TCP 协议最大的特点是提供面向连接、可靠的字节流服务。其报文格式如图 6-12 所示。

UDP 协议(用户数据报协议)是一种简单的、面向数据报的传输层协议，提供的是非面向连接的、不可靠的数据流传输。UDP 协议不提供可靠性，也不提供报文到达确认、排序以及流量控制等功能，只是把应用程序传给 IP 层的数据报发送出去，并不能保证它们能到达目的地，因此报文可能会丢失、重复以及乱序等。UDP 协议在传输数据报前不用在客户和服务器之间建立一个连接，且没有超时重发等机制。UDP 协议传输数据被限制在 64 kb 以内，其报文格式如图 6-13 所示。

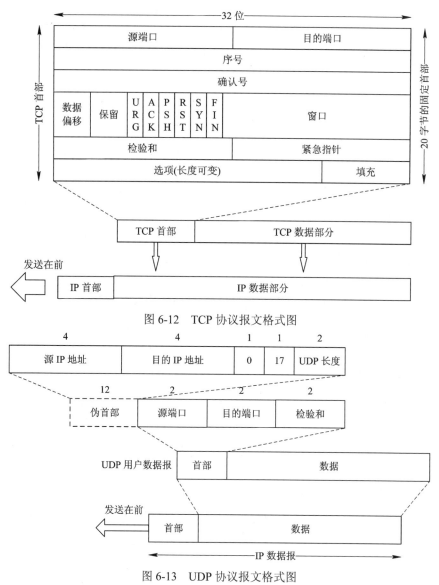

图 6-12　TCP 协议报文格式图

图 6-13　UDP 协议报文格式图

3. 以太网数据包格式

以太帧是以太网链路上的数据包，其起始部分由前导码和帧开始符组成，后面紧跟着一个以太网报头，以MAC 地址说明目的地址和源地址。帧的中部是该帧负载的包含其他协议报头的数据包(例如IP 协议)。以太帧由一个 32 位冗余校验码结尾，用于检验数据传输是否出现损坏。以太网常用帧格式有两种，一种是 Ethernet Ⅱ格式，另一种是 IEEE 802.3 格式。这两种格式的区别是：Ethernet Ⅱ格式中包含一个 Type 字段，而在 IEEE 802.3 格式中，此位置是长度字段。其中 Type 字段描述了以太网首部后面所跟数据包的类型，例如 Type

为 0x8000 时后跟 IP 协议包，Type 为 8060 时后跟 ARP 协议包。以太网中多数数据帧使用的是 Ethernet Ⅱ 帧格式。这两种以太帧格式如图 6-14 所示。

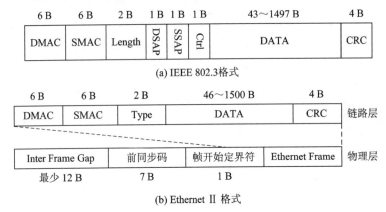

图 6-14　常用的以太网帧格式图

6.4.3　数据采集方法

串口及网络数据采集的目的是根据指定的数据格式将终端上的多路串口及网络数据进行数据解包，并按照相应的标准对数据进行处理和存储。在此过程中，需要完成串口及网络通信链路搭建及数据解包。

1．串口通信链路搭建

串口通信链路搭建的主要设备有串口调制解调器、串口服务器等。

串口调制解调器由调制器和解调器组成。在发送端，将设备串口产生的数字信号调制成可通过电话线传输的模拟信号；在接收端，调制解调器把输入的模拟信号转换成相应的数字信号，以满足串行数据的远距离传输。

串口服务器将来自 TCP/IP 协议的数据包解析为串口数据流，并将串口数据流打包成 TCP/IP 协议的数据包，从而实现数据的网络传输。其可以满足多个串口设备连接，并能对串口数据流进行选择和处理，把现有的 RS-232 接口的数据转化为 IP 端口的数据，这样就能够将传统的串行数据送入流行的 IP 通道，而无须过早地淘汰原有的不带以太网模块的数控系统设备，从而提高现有设备的利用率，节约了投资，简化了布线。

在数据处理时，串口服务器完成的是一个面向连接的 RS232 链路和面向无连接的以太网之间的通信数据的存储控制。串口服务器对各种数据进行处理，重点是处理串口数据流，并进行格式转换，使之成为可以在以太网中传输的数据帧；对来自以太网的数据帧进行判断，并转换成串行数据并传输给相应的串口设备。在实际应用时，串口服务器是将 TCP/IP 协议的以太网接口映射为操作系统下的一个标准串口，应用程序可以像对普通串口一样对其数据进行收发和控制。常用的 416 型串口服务器接线示意图如图 6-15 所示。

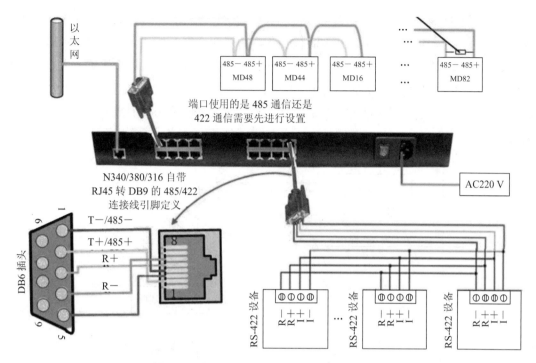

图 6-15　常用的 416 型串口服务器接线示意图

2．网络通信链路搭建

网络通信链路搭建的主要设备有光纤调制解调器、串口数据转以太网数据设备、以太网交换机等。

光纤调制解调器一般由调制器和解调器成对组成。其工作过程为：在发送端，将设备的网络信号转换为内部逻辑电平，并经调制电路、光电转换电路转换成光信号输出；光载波信号经过光纤线路传输到接收端，经光电转换、滤波、反调制、电平转换后还原成数字信号。此过程实现了网络数据的远距离传输。

串口数据转以太网数据设备，也称为串口转换器，是一种为 RS-232/485/422 终端串口到 TCP/IP 网络之间完成数据转换的通信接口转换器。作为服务器端时，提供 RS-232/485/422 终端串口与 TCP/IP 网络的数据双向透明传输，提供串口数据转网络数据功能。RS-232/485/422 串口数据转网络数据的解决方案可以让串口设备立即接入网络。

以太网交换机是一种基于 MAC 地址识别、完成以太网数据帧转发的网络设备，工作于 OSI 网络参考模型的第二层(即数据链路层)。以太网交换机在某一端口上接收计算机发送来的数据帧，根据帧头的目的 MAC 地址查找 MAC 地址表并将该数据帧从对应端口上转发出去，从而实现数据交换。

3．串口及网络数据解包

串口及网络数据解包是指按照定义对接收到的每一帧串口数据进行解算。数据解算需要提前获得设备数据传输协议，其解算在指控计算机中完成。如果协议比较简单，整个系统只是处理一些简单的命令，那么可直接把数据的解算过程放入中断处理函数中，当接收到正确的数据时，置位相应的标志，并在主程序中对命令进行处理。如果协议稍微复杂，比较好的方式是将接收的数据存放于缓冲区中，主程序读取数据后进行解算。也有两种方式交叉使用的，比如在一对多的系统中，首先在接收中断中解算"连接"命令，接收到"连接"命令后主程序进入设置状态，然后采用查询的方式来解算其余的数据。串口及网络数据解算流程如图 6-16 所示。

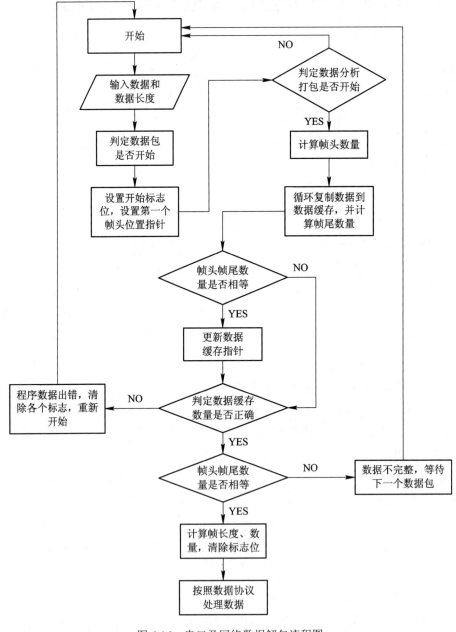

图 6-16　串口及网络数据解包流程图

6.5　系统日志采集技术

系统日志采集技术是指通过收集系统产生的日志信息，对系统的运行状态、异常情况等进行监控和分析的技术。目前，越来越多的企业通过建立日志采集系统来保存大量的日志数据，并进行数据分析，从而可从企业业务平台的日志文件中挖掘出潜在的价值信息，为企业的决策和后台服务器平台的性能评估提供可靠的信息保障。系统日志采集系统的主要任务就是采集不同类型的日志文件，并支持离线和在线实时查找、分析、筛查，找出有用的资源。

6.5.1　系统日志分类

系统日志记录了系统中的硬件、软件、系统问题等信息，以及根据不同命令执行的各种操作活动。根据系统日志记录的内容，系统日志一般分为用户行为日志、业务变更日志和系统运行日志三类。

(1) 用户行为日志。用户行为日志主要记录系统用户使用系统时的一系列操作信息，如登录/退出的时间、访问的页面、使用的不同应用程序等。

(2) 业务变更日志。业务变更日志主要根据需要用于特定业务场景，记录了用户在某一时刻使用某一功能对某一业务(对象、数据)进行了何种操作，如何时从 A 变为 B 等信息。

(3) 系统运行日志。系统运行日志用于记录系统运行时服务器资源、网络和基础中间件的实时运行状态，并定期从不同设备采集信息进行记录。

以上这些系统日志记录了用户在各个方面的行为，包括各种交易、社交、应用程序、习惯、搜索等信息。通过对这些数据进行收集，制定规则进行分析，并对结果进行筛选，可获得具有各种商业价值和社会价值的资料。

6.5.2　系统日志采集方式

系统日志采集通常通过以下几种方式进行：

(1) Web API 模式：日志数据以基于 HTTP 的 RESTful 模式采集，并发送到消息队列，主要用于移动端系统和较少数据量的日志采集，可与分布式系统中的"API 网关"结合使用。

(2) 服务代理模式：根据日志组件和消息队列客户端驱动程序，将其封装为日志服务代理，提供方便、统一的使用界面，并支持日志在本地和在线实时发送消息。

(3) 批量抓取模式：通过客户端批量抓取软件对日志数据进行批量抓取，并将其发送到远程日志服务器或日志管理平台上。客户端基于 TCP 协议与远程日志服务器通信，且基于 NIO 框架构建，可支持高并发处理。

(4) 日志聚合工具：可将来自不同源的日志数据收集、合并和存储到统一的存储系统中。

(5) Syslog 协议：是一种用于发送和接收日志消息的标准协议，支持将日志数据发送到远程日志服务器。许多操作系统和应用程序都支持 Syslog 协议，可通过配置将日志数据发送到指定的 Syslog 服务器。

(6) 日志文件监控工具：可实时监控日志文件的变化，并触发警报或执行特定操作并可帮助用户及时发现系统问题或异常情况。

6.5.3 主流日志采集工具

1. Flume

Flume 是一个功能强大的数据采集和传输工具，可支持在日志系统中定制各种数据发送规则，主要用于将系统日志和事件数据从各种源头(如 Web 服务器、传感器、应用程序等)收集到中心化的数据存储或数据处理平台中。

1) 总体结构

Flume 是一个分布式日志数据采集系统，它从各种服务器上采集数据并发送到指定的地方，总体结构如图 6-17 所示。

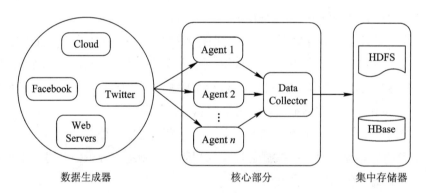

图 6-17   Flume 总体结构

从图 6-17 可以看出，基于 Flume 的日志采集系统由数据生成器、核心部分和集中存储器三部分组成。其中，数据生成器(如 Facebook、Twitter 等)生成的数据，首先由运行在 Flume 服务器上的单个代理收集，然后数据收集器再从单个代理收集数据，并将收集到的数据存储在 HDFS 或 HBase 中。

2) 运行机制

在数据传输的整个过程中，事件在流动。事件是 Flume 内数据传输的最基本单位，由一个可选的报头和一个加载数据的字节数组(数据集从数据源接入点输入并传输到发送设备)组成。Flume 系统首先对事件进行封装，然后使用 Agent 对其进行解析，并根据规则将其传输到 HBase 或 HDFS 中。

Flume 采用了分层架构，分别为 Agent、Collector 和 Storage。Agent 的作用是将数据源的数据发送给 Collector。Flume 自带了很多直接可用的数据源 Source。Collector 的作用是将多个 Agent 的数据汇总后，加载到 Storage 中。Storage 是存储系统，可以是一个普通的File，也可以是 HDFS、Hive、HBase、分布式存储器等。Flume 运行机制如图 6-18 所示。

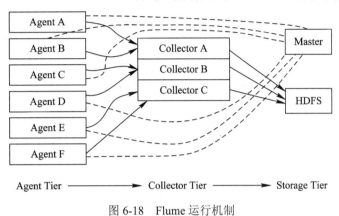

图 6-18 Flume 运行机制

2. Scribe

Scribe 是 Facebook 发布的"分布式采集、统一处理"的开源日志收集系统，是基于使用非阻塞 C++服务器的 Thrift 服务的实现。其为日志数据采集提供了一种可扩展、高容错的方案，当集中存储系统的网络或服务器出现故障时，Scribe 会将日志转储到本地或另一台服务器上。当集中存储系统恢复时，Scribe 会将转储的日志重新传输到集中存储系统。

Scribe 主要用于以下两种场景：一是与生成日志文件的应用系统集成在一起(Scribe 提供了几乎所有开发语言的开发包，可以很好地与各种应用系统集成)；二是应用系统本地生成日志文件(Scribe 使用一个独立的客户端程序(独立的客户端也可以用各种语言开发)来生成应用系统的本地日志文件)。

1) 总体结构

Scribe 的总体结构比较简单，主要包括三个部分，分别是 Scribe Agent、Scribe 和存储系统(DB、HDFS)，如图 6-19 所示。

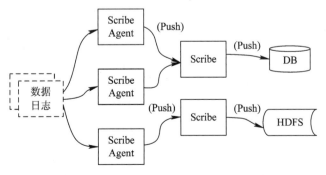

图 6-19 Scribe 总体结构

Scribe Agent 本质上是一个 Thrift 服务的客户端。向 Scribe 发送数据的唯一方法是使用 Thrift Client，Scribe 内部定义了一个 Thrift 接口，用户使用该接口将数据发送给服务器。Scribe 接收到 Thrift Client 发送过来的数据，根据配置文件，将不同主题的数据发送给不同的对象。存储系统实际上就是 Scribe 中的 Storage。

2) 运行机制

Scribe 从各种数据源收集数据，并将其放在共享队列中，然后将其推送到后端中央存储系统。Scribe 运行机制如图 6-20 所示。当中央存储系统出现故障时，Scribe 可以临时将日志写入本地文件。在中央存储系统恢复性能后，Scribe 将继续把本地日志推送到中央存储系统。

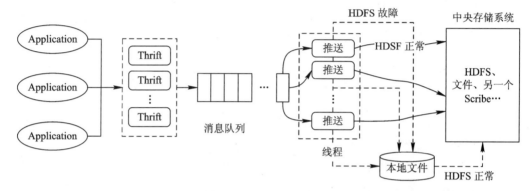

图 6-20　Scribe 运行机制

3．Event Log Analyzer

1) 总体结构

Event Log Analyzer 是用来分析和审计系统及事件日志的管理软件，能够对全网范围内的主机、服务器、网络设备、数据库，以及各种应用服务系统等产生的日志，进行收集、查找、分析、报表、归档，提供对网络中用户活动、网络异常和内部威胁的实时监测，如图 6-21 所示。

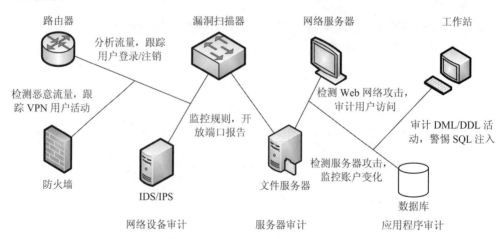

图 6-21　Event Log Analyzer 总体结构

2) 运行机制

Event Log Analyzer 提供以下几种功能：

(1) 日志管理。日志管理是 Event Log Analyzer 最主要的功能，用于保障应用系统的网络安全，具体包括 Windows 系统日志分析、Syslog 分析、应用程序日志分析、Windows 终端服务器日志监控、通用日志解析等。

(2) 应用程序日志分析。Event Log Analyzer 应用程序日志分析的功能主要是对 IIS Web 服务器日志、Apache Web 服务器日志、打印机服务器日志等进行监控和分析。

(3) IT 合规性审计报表。Event Log Analyzer IT 合规性审计报表的功能主要是为了满足合规性审计需要，主要包括合规性审计、PCI 合规性报表、ISO 27001 合规性报表、自定义合规性报表等。

(4) 系统与用户监控日志报表。Event Log Analyzer 系统与用户监控日志报表的功能是及时了解事件活动，具体包括内建报表、自定义报表、活动目录日志报表、历史事件趋势等。

4．Log Parser

Log Parser 是一款功能强大的多功能工具，可提供对基于文本的数据(如日志文件、XML 文件、CSV 文件)以及 Windows 操作系统关键数据源(如事件日志、注册表文件系统和 ActiveDirectory)的查询以及输出，可使用类 SQL 语句进行查询分析，并将结果以图表形式展现出来。

1) 总体结构

Log Parser 的组成部分主要包括目标输入、类 SQL 语句引擎、结果输出，其总体结构如图 6-22 所示。

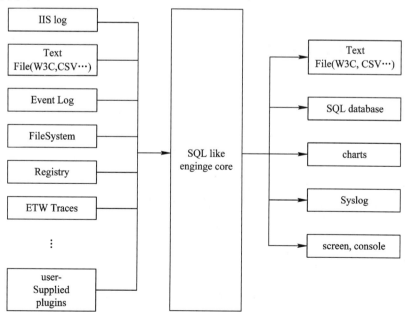

图 6-22　Log Parser 总体结构

(1) 目标输入。

目标输入主要作为 Log Parser 的输入来源，一般为日志与记录，每条日志信息可以当作 SQL 表中的行。Log Parser 可以处理包括 IIS 日志文件(W3C、IIS、NCSA、集中式二进制日志、HTTP 错误日志、URL Scan 日志、ODBC 日志)、Windows 事件日志、Windows 注册表、通用 XML、CSV、TSV 和 W3C 格式化的文本文件(如 Exchange 跟踪日志文件、个人防火墙日志文件、Windows Media Services 日志文件、FTP 日志文件、SMTP 日志文件)等多种类型日志数据文件。

(2) 类 SQL 语句引擎。

类 SQL 语句引擎使用通用 SQL 语句(SELECT、WHERE、GROUP BY、HAVING、ORDERBY)、聚合函数(SUM、COUNT、AVG、MAX、MIN)和丰富的功能集(如 SUBSTR、CASE、COALESCE REVERSEDNS 等)进行查询。

(3) 结果输出。

结果输出可以视为接收数据处理结果的 SQL 表。Log Parser 的内置输出可以将结果以文本、图片的形式存在本地，以数据形式发送和上传。本地文本支持多种格式，如 CSV、TSV、XML、W3C 等。图片可以以 GIF 或 JPG 格式导出，或直接显示，也可直接发送到 SQL 数据库、Syslog 服务器等。

2) 运行机制

用户可以使用 Log Parser 搜索数据，将日志导出到 SQL 数据库、创建报表、生成 HTML 页、生成图表。而这些都是通过 Log Parser 灵活的"数据处理管道"实现的。用户根据需要混合和匹配的输入格式和输出格式来创建"数据处理管道"。

6.6 消息队列数据采集技术

消息队列数据采集技术是一种常见的数据采集方法，它通过使用消息队列作为数据传输的中间件，实现了异步、可靠和高效的数据采集过程。消息队列是一种存储和转发消息的中间件，采用"生产者-消费者"模型，即数据的生产者先将消息发送到消息队列，然后消费者从消息队列中获取消息并进行处理。在消息队列数据采集过程中，采集端(生产者)将采集到的数据封装成消息，发送到消息队列中；而数据处理端(消费者)从消息队列中获取数据消息，并进行相应的处理和存储操作。

6.6.1 消息中间件技术

消息中间件技术原理是基于消息队列的存储转发机制和特有的异步传输机制，通过消息传输和异步事务处理实现应用整合与数据交换，原理示意图如图 6-23 所示。消息中间件在 TCP/IP 网络体系结构中处于应用层,网络应用程序建立在消息中间件之上,实现各种分布式应用服务。

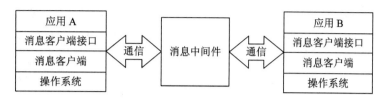

图 6-23　消息中间件技术原理示意图

消息中间件使业务系统之间无需直接对话,通过消息传递与队列模型,消息发送者把消息放在消息通道(主题或队列)中,消息接收者订阅或是监听该消息通道。一条信息可能最终转发给一个或多个消息接收者,这些接收者都无需对消息发送者做出同步回应,整个过程都是异步的。消息的接收者在需要消息的时候才会从消息队列读取需要的消息,这样大大降低了程序间的耦合度。

消息中间件的应用主要包括异步通信、应用解耦、流量控制与日志处理等。

(1) 异步通信。通过消息中间件,不同的服务之间可以进行异步通信,可提高系统的吞吐量和并发性能,避免因为同步调用而导致的阻塞和性能瓶颈。

(2) 应用解耦。消息中间件可以将消息发送方和接收方解耦,使它们可以独立地进行开发和部署,不需要依赖于对方的实现细节。

(3) 流量控制。消息中间件可以设置流量控制,当消息流量过大时可以暂停消息的发送,等到流量下降时再继续发送,从而平滑地处理流量峰值。

(4) 日志处理。消息中间件需要对关键信息进行日志记录和处理,以便监控和追踪系统运行情况,发现潜在问题,优化系统性能。

6.6.2　消息传递系统

消息传递系统是基于消息中间件技术形成的在分布式应用环境中进行消息交换的解决方案,主要包括消息通道、消息、消息路由、消息转换器、消息服务器、消息端点等模块。

(1) 消息通道。

消息通道是消息传递系统中的逻辑地址。对于应用间的不同连接,消息传递系统中有不同的通道且每一个通道有唯一的标识。消息传递系统发送消息时,将消息添加到不同的通道中,接收方根据消息信息的首部标识或访问特定通道的方式获得数据,如图 6-24 所示。

图 6-24　消息通道示意图

（2）消息。

消息是消息传递系统的进程间传递或交换的信息，是由一些位和字节组成的字符串，是数据交换的基本单位。消息通常由两部分组成：一部分为消息传递系统发送方提供的应用数据；另一部分为消息描述信息，用于指定消息属性，包含消息的目的地址、传递方式、消息类型等要素。消息中间件中的消息类型分为数据报、请求、应答以及报告等。其中前三种类型的消息用于在消息传递系统中进行相互的信息传送，报告则用于应用程序和队列管理器报告事件信息。

（3）消息路由。

消息路由是针对不同类型消息定制化选择通信策略的机制。为了使接收者知道如何处理不同类型的消息，可以为每一种消息类型分别创建单独的消息通道，并将这些通道与所需的处理步骤连接起来。由于这种方法会导致消息通道个数的激增，消耗 CPU 和内存，因而需要构建消息路由机制，将消息根据路由规则选择到不同的队列中，如图 6-25 所示。

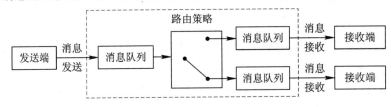

图 6-25　消息路由示意图

（4）消息转换器。

消息转换器是实现不同业务系统之间数据在语法与语义等多个层面的转换。消息传递系统一般都包含多种类型的消息转换器，包括封装器、内容扩充器、内容过滤器等。

（5）消息服务器。

消息服务器是消息传递的管理者，提供一套完整的 API 机制，将应用系统与消息传递系统连接起来，从而实现消息传递。

（6）消息端点。

消息端点是消息传递的客户或消息的使用者，通过业务系统提供的接口调用程序，同时也能监听业务系统的事件并调用消息传递系统对这些事件做出响应。

6.6.3　消息通信模型

消息中间件既可以支持同步通信，也可以支持异步通信，但实际上它是一种点到点的传输机制。消息中间件一般提供点对点、发布/订阅和消息队列等通信模型。

1．点对点模型

点对点模型是一种程序到程序的直接通信模式，一般建立在消息队列的基础上，每个接收节点对应一个消息接收队列，发送者把消息发送到接收者的消息接收队列中，接收者从自己的消息接收队列中读取消息。

点对点模型允许多个发送者同时向一个接收者发送消息,但一个消息只能发送给一个接收者。因为消息是发送到接收者的消息接收队列中,而不是直接发给接收者,因此允许接收者不必处于运行状态,只在需要消息的时候才会从消息接收队列中读取消息,如图 6-26 所示。

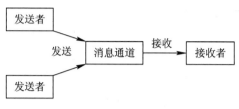

图 6-26   点对点模型示意图

2. 发布/订阅模型

发布/订阅模型是一种匿名的通信方式,发布者通过发布消息的客户端将消息传递给消息代理,由消息代理实现消息的动态路由,并负责将消息传递给相应订阅消息的客户端。发布/订阅模型允许一个或多个发送者同时向多个接收者发送消息,发送者和接收者之间的消息传递通常交给发布服务器处理,因此发布者和订阅者在多维空间上是松耦合的。

发布/订阅模型主要是基于主题的发布/订阅和基于内容的发布/订阅。基于主题的发布/订阅模型发布的消息都属于特定的主题,而每个主题则是先前定义好的名字。订阅者在订阅消息之前需要了解主题的名字,然后根据名字进行订阅。发布者发布主题消息时,系统会根据消息的主题和订阅消息把消息转发给每一个订阅者。基于内容的发布/订阅模型是根据订阅者所设定的过滤规则,对发布的消息进行过滤,符合要求的就把消息转发给订阅者,订阅者就可以获得内容符合自己要求的消息,如图 6-27 所示。

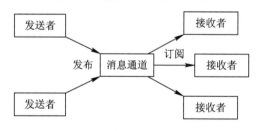

图 6-27   发布/订阅模型示意图

3. 消息队列模型

消息队列模型是一种程序之间非直接的通信模式。队列管理器负责处理消息队列,将它接收到的消息放入正确的队列中,并保证消息传送到本机或者网络中某个位置的目的地。消息队列模型允许程序通过消息队列进行通信,是一种无连接模式,并不强制要求对方程序一定可用。消息放入队列直接或者按顺序传送,这种方式允许程序按照不同的速度独立运行,而不需要在双方之间建立一条逻辑连接。

消息队列可以存在于本地系统中(称为本地队列)或者其他队列管理器中(称为远程队

列)。使用一个消息队列之前，必须先打开该队列，指定想要进行的操作，例如浏览消息、接收消息、向队列中放置消息以及查询队列属性、设置队列属性等，如图 6-28 所示。

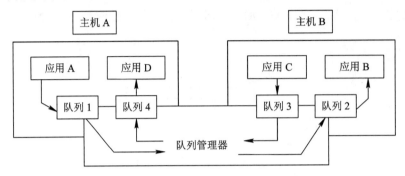

图 6-28　消息队列模型示意图

6.6.4　主流消息中间件产品

当前市场上主流消息中间件产品包括 RabbitMQ、ActiveMQ、Kafka、RocketMQ 等。

(1) RabbitMQ。

RabbitMQ 是一个由 Erlang 语言开发的基于高级消息队列协议(Advanced Message Queuing Protocol，AMQP)标准的开源消息代理软件，主要用于在分布式系统中存储转发消息。其优点主要是提供持久性、投递确认、发布者证实、高可用性等可靠性机制，具备多种灵活的路由模式，提供消息服务集群模式及镜像备份方案，并提供丰富的插件扩展功能。其缺点主要是 Erlang 语言不利于二次开发维护，主从代理架构增加了消息延迟，接口协议较为复杂。

(2) ActiveMQ。

ActiveMQ 是一个完全基于 JMS 规范的消息中间件，完全支持多种语言的客户端和协议，可较为容易地嵌入到企业的应用环境中。其优点主要是支持 Java、.Net、PHP、Ruby、Python、Ruby 等多种客户的开发语言，具备良好的跨平台性能，可运行到 JVM 平台上，支持 HTTP、IP、SSL、TCP、UDP 等多种通信协议，提供多种持久化与安全插件。其缺点主要是不适于上千个队列的应用场景，有一定丢失消息概率，对老版本产品的维护较少。

(3) RocketMQ。

RocketMQ 是一个由阿里巴巴集团开发的开源产品，在设计时参考了 Kafka，并做出了自己的一些改进，在消息可靠性方面比 Kafka 更好。RocketMQ 在阿里巴巴内部被广泛应用在订单、交易、充值、流计算、消息推送、日志流式处理等场景。其优点主要是基于消息队列模型，具备高性能、高可靠性、高实时性、分布式等特点，且各个环节均采用分布式扩展设计，单机支持 1 万个以上持久化队列，并支持集群消费、广播消费等多种消费模式。其缺点主要是目前仅支持 Java 及 C++两种客户端开发语言，没有 Web 管理界面，仅支持命令行工具维护，没有实现 JMS 接口。

(4) Kafka。

Kafka 是一个由 LinkedIn 公司开发的分布式消息发布/订阅系统，现在是 Apache 软件基金会的顶级开源项目之一。Kafka 广泛应用于大数据领域的实时数据流处理、日志聚合、监控、指标和日志收集、消息队列等多种场景。其优点主要是支持 Java、.Net、PHP、Ruby、Python、Go 等多种客户端开发语言，单台服务器吞吐速率可达到 10 W/s，且各个环节均采用分布式扩展设计，自动实现负载均衡，具备完善的 Web 管理界面。其缺点主要是单个服务器超过一定数量的队列/分区时，读取时长明显飙升，且仅支持简单的 MQ 功能，消息失败不支持重发机制。

上述四种主流消息中间件产品对比分析如表 6-3 所示。

表 6-3　四种主流消息中间件产品对比分析表

对比项目	RabbitMQ	ActiveMQ	RocketMQ	Kafka
所属公司	Rabbit	Apache	阿里巴巴	Apache
开发语言	Erlang	Java	Java	Scala&Java
底层架构	主从架构	主从架构	分布式架构	分布式架构
协议	AMQP	OpenWire、AUTO、Stomp、MQTT	自定义	自定义
API 完备性	高	高	高	高
多语言支持	语言无关	支持，Java 优先	只支持 Java	支持，Java 优先
吞吐量	万级	万级	十万级	十万级
时效性	微秒级	毫秒级	毫秒级	毫秒级
可用性	高	高	非常高	非常高
可靠性	基本不丢失	较低概率丢失	通过参数化配置，可以做到 0 丢失	通过参数化配置，可以做到 0 丢失
发布订阅	支持	支持	支持	支持
轮训分发	支持	支持	—	支持
公平分发	支持	—	—	支持
重发	支持	支持	支持	—
消息拉取	支持	—	支持	支持
功能支持	并发能力强、性能好、延迟低	功能完善	功能完善、扩展性好	支持简单 MQ 功能，可在大数据领域大规模应用

6.7　网络数据采集技术

网络数据目前多指互联网数据，即大量用户通过各种类型的网络空间交互活动而产生的海量数据，例如通过 Web 网络进行信息发布和搜索，微博、微信、QQ 等社交媒体交互活动中产生的大量信息，包括各类文档、音频、视频、图片等。这些数据格式复杂，一般多为非结构化数据或半结构化数据。网络数据采集是通过网络爬虫的方式，从网站上获取相关页面内容，根据用户需求将某些数据属性从网页中抽取出来，并对抽取出来的网页数据进行内容和格式上的处理，再经过转换和加工，最终满足用户的数据挖掘需求，同时按照统一格式作为本地文件存储，一般保存为结构化数据。

6.7.1　网络爬虫工作原理

网络爬虫是一种按照一定规则，自动地抓取 Web 信息的程序或脚本。Web 网络爬虫可以自动采集所有其能够访问到的页面内容，为搜索引擎和大数据分析提供数据来源。

从功能上来讲，网络爬虫一般有数据采集、处理和存储等三部分功能。网页中除了包含供用户阅读的文字信息外，还包含一些超链接信息。网络爬虫正是通过网页中的超链接信息不断获得网络上其他网页内容的。网络爬虫一般会选择一些比较重要的网站 URL 作为种子 URL 集合。网络爬虫首先将种子 URL 放入下载队列，并简单地从队首取出一个 URL 下载其对应的网页，得到网页的内容并将其存储后，经过解析网页中的链接信息可以得到一些新的 URL。其次，根据一定的网页分析算法过滤掉与主题无关的链接，保留有用的链接并将其放入等待抓取的 URL 队列。最后，取出一个 URL，下载其对应网页并解析，如此反复进行，直至遍历了整个网络或者满足某种条件后才会停止下来。

网络爬虫的基本工作流程如图 6-29 所示，具体内容如下：

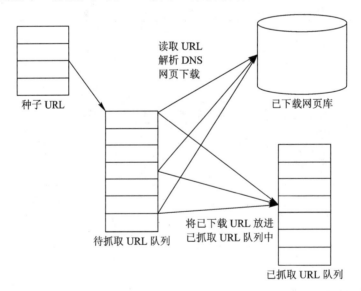

图 6-29　网络爬虫的基本工作流程

(1) 首先选取一部分种子 URL。

(2) 将这些 URL 放入待抓取 URL 队列。

(3) 从待抓取 URL 队列中取出待抓取 URL，解析 DNS，得到主机的 IP 地址，并将 URL

对应的网页下载下来，存储到已下载网页库中，同时将这些 URL 放进已抓取 URL 队列中。

(4) 分析已抓取 URL 队列中的 URL，同时分析其他 URL，并将这些 URL 放入待抓取 URL 队列中，从而进入下一个循环。

6.7.2　Scrapy

Scrapy 是一个为了爬取网站数据、提取结构性数据而编写的应用框架，可以应用于包括数据挖掘、信息处理或存储历史数据等一系列程序中。

1．整体结构

Scrapy 的整体结构包括 Scrapy 引擎(Scrapy Engine)、调度器(Scheduler)、下载器(Downloader)、网络爬虫(Spiders)和数据项管道(Item Pipeline)五个组件，以及下载器中间件、爬虫中间件两个中间件等。各个组件的交互关系和数据流如图 6-30 所示。

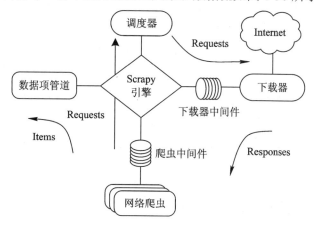

图 6-30　Scrapy 各个组件的交互关系和数据流

(1) Scrapy 引擎：是整个系统的核心，负责控制数据在整个组件中的流动，并在相应动作发生时触发事件。

(2) 调度器：管理 Request 请求的出入栈，去除重复的请求；从 Scrapy 引擎接收请求，并将请求加入请求队列，以便在后期需要的时候提交给 Scrapy 引擎。

(3) 下载器：负责获取页面数据，并通过 Scrapy 引擎提供给网络爬虫。

(4) 网络爬虫：是 Scrapy 用户编写的用于分析结果并提取数据项或跟进 URL 的类。

(5) 数据项管道：负责处理被网络爬虫提取出来的数据项，典型的处理有清理验证及持久化。

(6) 下载器中间件：是引擎和下载器之间的特定接口，用于处理下载器传递给引擎的结果；通过插入自定义代码来扩展下载器的功能。

(7) 爬虫中间件：是引擎和网络爬虫之间的特定接口，用来处理网络爬虫的输入，并输出数据项；通过插入自定义代码来扩展网络爬虫的功能。

2．Scrapy 流程

Scrapy 中的数据流由 Scrapy 引擎控制，整体的流程如下：

(1) Scrapy 引擎打开一个网站，找到处理该网站的网络爬虫，并询问网络爬虫第一次要爬取的 URL。

(2) Scrapy 引擎从网络爬虫中获取第一次要爬取的 URL，并以 Request 方式发送给调度器。

(3) Scrapy 引擎向调度器请求下一个要爬取的 URL。

(4) 调度器返回下一个要爬取的 URL 给 Scrapy 引擎，Scrapy 引擎将 URL 通过下载器中间件转发给下载器。

(5) 下载器下载给定的网页，下载完毕后，生成一个该页面的结果，并将其通过下载器中间件发送给 Scrapy 引擎。

(6) Scrapy 引擎从下载器中接收到下载结果，并通过爬虫中间件发送给网络爬虫进行处理。

(7) 网络爬虫对结果进行处理，并返回爬取到的数据项及需要跟进的新 URL 给 Scrapy 引擎。

(8) Scrapy 引擎将爬取到的数据项发送给数据项管道，将网络爬虫生成的新的请求发送给调度器。

(9) 从步骤(2)开始重复，直到调度器中没有更多请求，Scrapy 引擎关闭该网站。

6.8　感知设备数据采集

感知设备数据主要来自各行各业根据特定应用构建的物联网系统，即大量感知设备在物联网系统中的广泛部署，会周期性地产生并不断更新海量的数据。在实际应用过程中，由于感知设备和通信传输系统存在厂商众多、网络异构等情况，因此这些感知设备产生的数据的类型差异很大。例如有些数据是实际产生的温度数值，而有些数据则是感知的电平值，在使用中需要进行公式转换，同时还存在模拟信号和数字信号的差异。此外，这些感知数据也存在文本、表格、网页等多种不同组织形式，量纲也差异较大。因此，在对物联网信息进行采集的过程中，除了需要考虑大量分布的数据源选取，还要将感知的原始数据进行统一的数据转换，过滤异常数据，根据采集目标的存储要求进行规则映射，才能满足感知设备数据采集需求。

6.8.1　感知设备传感器分类

感知设备传感器是数据采集系统的首要部件，按照被测数据类型的不同，感知设备传感器分为物理量传感器、化学量传感器和生物量传感器等，如表 6-4 所示。

表 6-4　感知设备传感器分类

分类	具 体 举 例
物理量传感器	硬度传感器、姿态传感器、流量传感器、压力传感器、温度传感器、红外传感器、转速传感器、加速度传感器、重力传感器
化学量传感器	气体传感器、湿度传感器、离子传感器
生物量传感器	血压传感器、葡萄糖传感器

6.8.2　感知设备数据采集系统

基于物联网的感知设备数据采集系统一般包括四部分，如图 6-31 所示。

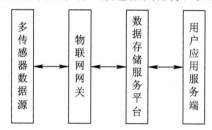

图 6-31　基于物联网的感知设备数据采集系统

(1) 多传感器数据源。

多传感器数据源一般位于感知设备数据采集系统的监控现场，周期性采集数据并定时输出。常见的多类型传感器系统常通过构建无线网络组成大型的无线传感器网络，完成数据的采集和上传。

(2) 物联网网关。

物联网网关主要用于解决物联网中不同设备无法统一控制和管理的问题。例如：通过物联网网关来支持异构设备之间数据的统一上传，并完成数据格式转换；设定过滤规则，对超出传感器量纲范围的异常值进行处理；对传感器进行统一管理控制，屏蔽底层传输协议的差异性。

(3) 数据存储服务平台。

数据存储服务平台主要完成传感器数据的接收和存储，并进行预处理工作，完成源数据与目标数据库之间的逻辑映射。

(4) 用户应用服务端。

用户应用服务端主要根据传感器网络的服务应用需求，完成用户应用与数据存储服务平台的交互，可以实现采集数据的可视化导出，并提供多种不同的 API 接口。

第 7 章　数据处理技术

7.1　数据处理概述

7.1.1　数据处理的基本概念

数据处理指对数据进行分析和加工，包括对数据的检索、加工、变换和传输。通过数据处理，不仅可以提高数据质量，还可以让数据更加适用于数据挖掘模型，更易于进行深度解析，以探寻出其中潜藏的规律。

数据处理是使数据成为数据资源的核心环节。通常采集得到的数据无法直接满足应用要求，且数据的多源性与异构性决定了数据携带信息的复杂性和质量的不稳定性，因此只有对经过正确处理的数据资源进行挖掘和分析，得到的结果和规律才能用于指导人们进行决策，否则就会造成误导。

7.1.2　数据质量问题的产生

在数据采集与存储的各个环节都可能产生数据缺失、数据重复、数据不一致及数据噪声等问题，具体如下：

(1) 数据缺失。

数据缺失包括数据记录缺失和记录中部分属性值缺失两种情况，其主要原因包括人为或设备原因导致数据未被记录、数据无法获取而未采集、数据传输过程出错、随机因素导致数据丢失等。

(2) 数据重复。

同一个实体由于不同的数据源中表达方式不同、结构不一，导致产生重复记录，具体原因主要包括多重数据结构、不同的缩写、不完全匹配记录等。

(3) 数据不一致。

数据不一致是指数据存在矛盾性、不相容等情况，其主要原因包括数据命名规则不一致、数据使用代码不同、数据编码不统一等。

(4) 数据噪声。

数据噪声是指数据中包含了不正确的属性值，出现错误或存在偏离预期的离群值噪声。导致该问题的主要原因包括数据采集设备出现故障、数据录入发生错误、数据存储发生错误等。

7.1.3　数据处理的目的

在数据采集、存储、共享交换的各个环节都可能产生数据缺失、重复、不一致以及噪声等问题，导致数据质量降低，使其不能直接用于数据分析挖掘。因此数据需要经过一个复杂、细致的处理过程以提升其质量。

数据处理的目的是从大量、复杂、难以理解的数据中抽取和分类计算并推导出对于特定人群有价值、有意义、能满足特定使用需求的数据资源。通过数据清洗、抽取、转换，对庞杂的数据进行精简，对垃圾的数据进行清除，可以保证数据的准确性、完整性、一致性和唯一性。然而仅筛除冗余数据还是不够的，变换、分类、规约也是极为重要的数据处理方法。经过处理的数据通常具有更高的可用性和价值密度，质量明显优于原始数据。

7.1.4　数据处理的过程

数据处理的过程包括数据收集整理、原始数据分析、数据预处理、数据质量评估、模型构建应用、挖掘结果分析与二次处理等步骤，如图 7-1 所示。

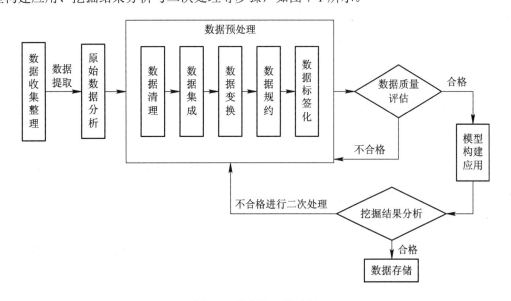

图 7-1　数据处理的过程

(1) 数据收集整理。

根据数据应用需求内容，尽可能采集全面的原始数据，对原始数据及其属性特征进行必要的筛选和提取，并按一定格式和要求进行整理，确保数据内容能够满足最终挖掘需求。

(2) 原始数据分析。

对原始数据的结构组成、完整性、可靠性、可用性等进行分析，初步了解数据存在的质量问题，如数据来源可靠性、数据异常值、数据结构编号特征等。根据分析结果和实际问题需求，选择适合的数据预处理方法与数据模型。

(3) 数据预处理。

通过数据的提取、转换和加载过程，将多个数据源中的数据抽取到临时中间层，对采集的数据进行清洗、转换、集成，清除冗余数据，纠正错误数据，完善残缺数据，甄选出必需数据，加载到目标数据库或文件存储系统中。

(4) 数据质量评估。

通过建立数据质量评价体系，对处理后的数据质量进行量化指标输出，避免将问题数据带到后端或将问题扩大，以确保数据具备准确性、完整性、一致性、及时性等特征。

(5) 模型构建应用。

综合考虑实际应用需求、数据特征和经费成本等因素，选择多个适用的模型与算法进行运算、优化和调整，选择合适模型并开展数据分析与应用，辅助解决各类实际问题。

(6) 挖掘结果分析与二次处理。

如果数据分析结果与实际差异较大，需要对数据进行二次处理，修正数据预处理引入的误差或不当处理方法。例如排除掉原始数据存在的问题后，应重新选择合适方法或算法对数据进行相应处理。若数据分析结果与实际一致，则进行数据存储。

7.2 数据预处理方法

数据预处理是指针对杂乱无章、难以理解的原始数据，进行清洗、填补、平滑、合并、规格化处理、一致性检查等操作，将其转化为相对单一且便于处理的结构，并推导出有价值、有意义的数据，为后续数据挖掘与分析应用奠定基础。

数据预处理方法包括数据清理、数据集成、数据变换、数据规约、数据标签化等，如图 7-2 所示。

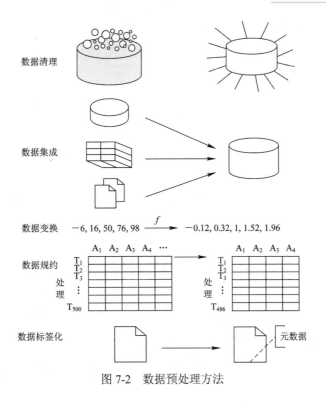

图 7-2　数据预处理方法

7.2.1　数据清理

数据清理主要是利用数理统计技术、数据挖掘技术、预定义的数据清理规则，删除原始数据集中的无关数据与重复数据，筛选去除与挖掘主题无关的数据，处理缺失值和异常值，如图 7-3 所示。

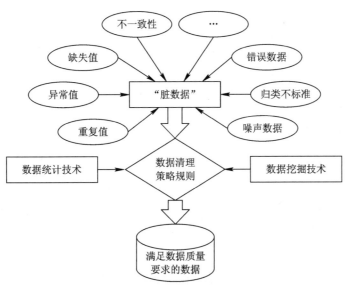

图 7-3　数据清理原理

数据清理中还要处理空缺值，平滑噪声数据(脏数据)，识别、删除孤立点。数据清理的基本方法有缺失值处理、噪声数据处理、冗余数据处理与异常值处理等。

1. 缺失值处理

数据集中时一般都存在缺失值(也称为空缺值)，主要有整条记录缺失或记录中某个属性值缺失等情况。一般的统计分析方法都会假定处理对象是一个完整的数据集，所以在进行数据清理时，需要对缺失值进行处理，通常用合理的数据填充或者删除的方式进行。

(1) 填充数据。

最常用的缺失值处理方法是填充数据，这类方法一般依靠现有的数据信息来推测空缺值，使空缺值有更大的机会与其他属性之间保持联系。也可以采用其他方法来处理空缺值，如用一个全局常量替换空缺值、使用属性的平均值填充空缺值、将所有元组按某些属性分类等，然后用同一类中属性的平均值填充空缺值。但是如果空缺值很多，则该方法可能导致数据偏差。

最常用的缺失值填充方法包括均值填充、最可能值填充、线性趋势填充(回归)和人工填充。各种填充方法及其适用情况如表 7-1 所示。

表 7-1 缺失值的填充方法及适用情况表

填充方法	方 法 描 述	适用情况
均值填充	使用该属性全部有效值的平均值代替缺失值	空值为数值型
	使用该属性全部有效值的中位数或众数代替缺失值	空值为非数值型
最可能值填充	利用回归分析、贝叶斯计算公式或决策树推断出该属性的最可能的值，并用该值代替缺失值	填充值与其他数值之间的关系最大，当数据量很大或者遗漏的属性值较多时
线性趋势填充	基于完整的数据集建立线性回归方程，利用回归方程计算各缺失值的趋势预测值，并用预测值代替相应的缺失值	最为常用
人工填充	根据人工经验判断缺失值	较为耗时，数据集小、缺失值少

(2) 删除数据。

删除数据是指忽略某一条含有缺失属性值的记录，直接将整条记录删除，从而得到一个信息完整的数据集。这种处理方法在缺失记录数量占整个数据集的比例较小时适用。若在数据集体量很小的情况下删除记录，不仅会造成重要信息丢失，还会造成分析挖掘的数据量不足与挖掘模型的构建不具备普适性等问题，极有可能导致最终数据挖掘分析结果偏离真实情况，误导决策。

(3) 不处理。

有时数据集存在缺失值并不意味着数据有错误，因此当一条记录的某些属性不重要或自然缺失时，不必做任何处理。例如，在登记人员信息时，要求填写每个人工作单位，当某一人员没有工作单位时该属性值可为空，在这种情况下，可直接忽略该记录的缺失值，不做任何处理。

2．噪声数据处理

噪声数据是指数据中存在变量的随机误差和偏离期望值的数据。一般采用数据平滑的方式消除数据噪声，常用的方法包括分箱、聚类、回归分析等。

(1) 分箱方法。

分箱方法是指将待处理的数据依据属性值进行排序，按照一定规则划分子区间，如果数据位于某个子区间范围内，就将该数据放进这个子区间所代表的"箱子"中，再用箱中的数据值来局部平滑所存储的数据值，如图 7-4 所示。一般采用按箱平均值、按箱中值(或按高度)、按箱边界值等方式对数据进行平滑处理。

① 按箱平均值平滑：计算出同一个箱子中数据平均值，用平均值替代该箱中所有的数据值。

② 按箱中值平滑：将排序后的数据按同等数量放入每个箱子当中。

③ 按箱边界值平滑：在给定的箱子当中，最大值和最小值构成了箱子的边界，用每个箱子的边界值替换箱子当中除边界值以外的所有数据值。

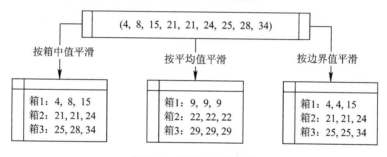

图 7-4　分箱方法示意图

(2) 聚类方法。

聚类是指将类似数据对象分成多个自然组(即类或簇)的过程。数据对象划分原则是：同一簇中的数据对象具有较高的相似性，不同簇中的对象具有较高的差异性，落在簇集合之外的值被视为孤立点(离群点)。用聚类方法处理噪声数据时，可根据挖掘需求，选择模糊聚类分析或灰色聚类分析方法进行。

通过聚类方法检测离群点称为孤立点检测，如图 7-5 所示。一般检测出来的孤立点需要进行逐个甄别后再进行数据修正，不能随意删除。有

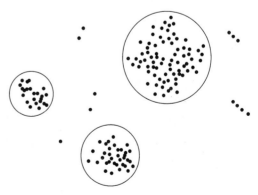

图 7-5　采用聚类方法进行离群点检测

些孤立点可能蕴含重要信息，如信用卡数据中异常交易记录、视频中行人异常行为等。

(3) 回归分析方法。

回归分析方法是指利用函数进行数据拟合，以达到平滑数据的目的。回归分析方法有线性回归分析和多元线性回归分析两种方法，一般用于连续数据预测。通过线性回归分析方法可以获得多个变量之间的拟合函数，从而达到利用一个(或一组)变量值来帮助预测另一个(或一组)变量值的目的，如图 7-6 所示。多元线性回归分析是线性回归分析的扩展，与线性回归分析相比，其涉及的属性(变量)多于两个，并且是将数据拟合到一个多维曲面。

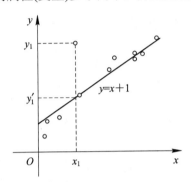

图 7-6   利用回归分析方法获得的拟合函数

(4) 其他方法。

除上述方法外，中值滤波、低通滤波、傅里叶变换、小波分析等方法也可用于噪声数据处理。

3．冗余数据处理

为了提高数据挖掘精度，需要删除数据集的冗余数据记录(一般包括属性冗余和属性数据冗余)。重复检测就是从多源数据集中检查表达相同实体的重复记录。对于检测出的重复数据，处理方式如下：

(1) 若通过因子分析或经验等确定部分属性的相关数据足以支持数据挖掘，则可保留通过数学方法找出具有最大影响属性因子的数据，删除其余属性。

(2) 若某属性的部分数据足以反映问题，则保留，并删除其余数据。

(3) 若部分冗余数据可能另有他用，则可保留，并在元数据中加以说明。

4．异常值处理

异常值是由于系统误差、人为因素、固有数据变异等原因引起的，使小部分数据与总体数据特征结构不同，明显偏离其他数据。通常针对异常值进行处理的策略是首先进行异常值检测，然后进行逐个分析，最后针对性采取处理措施。

(1) 异常值检测。

异常值检测通常采用简单统计分析、3σ 原则检测、使用距离检测多元离群点等方法。

① 简单统计分析。简单统计分析就是对某一数据属性值进行描述性的统计(规定范围)，查看哪些值是不合理的。最常用的统计量是规定的最大值与最小值边界，用于判断属

性值的取值是否超出了合理范围。

② 3σ 原则检测。如果数据服从正态分布，那么根据 3σ 原则(异常值为与平均值的偏差超过 3 倍标准差的值)，在正态分布假设下，距离平均值 3σ 之外的概率接近 0.3%(这属于极个别小概率事件)。因此，当样本数据距离平均值大于 3σ 时，则认为该样本数据为异常值。

③ 使用距离检测多元离群点。使用距离检测多元离群点是指当数据不服从正态分布时，便可以通过远离平均距离 N 倍的标准差来判定数据是否为异常值，N 的取值需要根据经验和实际情况来决定。

(2) 异常值处理。

对于检测出的异常值，一般采取以下方法进行处理，如表 7-2 所示。

表 7-2 异常值常用处理方法

方法类型	方 法 描 述
删除记录	直接将含有异常值的记录删除
视为缺失值	将异常值视为缺失值，利用缺失值处理方法进行处理
均值修正	使用前后两个观测值的平均值修正该异常值
不处理	直接在具有异常值的数据集上进行挖掘分析

7.2.2 数据集成

数据集成用于协调数据源之间的不匹配问题，将互相关联的异构、分布、自治的数据源集成在一起，维护数据源整体一致性。数据集成是数据预处理过程中一个比较复杂的步骤。由于异构数据源实体表达形式不同，导致数据间无法直接匹配关联，因而需要解决不同数据源带来的数据冲突和不一致等问题。

数据集成主要涉及三个问题。第一，模式集成和对象匹配问题，即来自多个信息源的现实世界实体匹配以及实体识别并进行模式集成问题。第二，冗余问题，数据集成一般会导致数据冗余(如同一属性命名不一致)，对于属性冗余可以通过相关分析检测后删除。第三，数据值冲突检测与处理问题，由于表示、比例、编码等不同，现实世界中同一实体，在不同数据源的属性值可能不同。

1. 模式集成

模式集成是指将来自多个数据源的现实世界实体进行相互匹配。模式集成和对象匹配涉及实体识别问题。在数据集成期间，当一个数据库的属性与另一个数据库的属性匹配时，必须特别注意数据结构，从而确保源系统中的函数依赖和参照约束与目标系统中相匹配。如当需要确定数据库 A 中的"customer_id"字段与数据库 B 中的"cust_number"字段是否表示同一实体时，就需要借助数据库或元数据进行模式识别。

2．数据冗余检测处理

由于数据来源与属性命名方式不同，在数据集成时会造成数据冗余，出现同一属性重复出现、同一属性命名不同、某一属性可从其他属性中推演出来等情况。例如销售记录表中的"月销售额"属性可以根据"销售记录"属性计算出来，因此"月销售额"就属于冗余属性。冗余属性可采用相关分析检测后进行删除。除数据属性冗余需要检测处理以外，数据记录冗余也需要进行检测处理。

3．数据冲突处理

由于不同数据的表示、比例、编码各不相同，因而现实世界中的同一实体在不同数据源中属性值可能不同。这种数据语义上的歧义性成为数据集成的难点，如同样货品单价在不同系统中可能采用不同货币类型来度量。因此，在数据集成前通过数据元的规范定义，可有效消除该问题。

4．数据融合

数据融合是指在数据集成时，加入数据智能化合成，产生比单一信息源更准确、更完整、更可靠的数据，以提高数据估计和判断的准确性。常用数据融合方法如表 7-3 所示。

表 7-3 常用数据融合方法

融合类型	具 体 方 法
静态融合法	贝叶斯估值、加权最小平方
动态融合法	递归加权最小平方、卡尔曼滤波、小波变换的分布式滤波
基于统计的融合法	马尔科夫随机场、最大似然法贝叶斯估值
信息论算法	聚集分析、自适应神经网络、表决逻辑、信息熵
模糊理论/灰色理论	灰色关联分析、灰色聚类

7.2.3 数据变换

数据变换是对数据进行规范化处理，将连续变量离散化或重新构造变量属性，将数据转换或规范化成另一种形式，实现不同源数据在语义上一致性的过程，使变换后的数据适用挖掘任务和算法的需要。数据变换的处理内容主要包括数据平滑、数据聚集、数据泛化、数据规格化、属性构造和数据转换。

1．数据平滑

数据平滑主要用于去除数据中的噪声，将连续数据离散化，增加数据粒度。其主要方法包括分箱、回归分析和聚类等方法，与数据清理中的噪声数据处理方法相同。

2．数据聚集

数据聚集是指对数据进行汇总或聚集。例如，可以聚集日销售数据，计算月和年销售量。通常用数据聚集对数据进行多粒度分析。

3．数据泛化

数据泛化是指通过使用概念分层，用高层概念替换低层或"原始"数据。如年龄的数值属性可以映射到较高层概念，如青年、中年和老年等。

4．数据规范化

数据规格化是指将属性数据按比例投射到一个较小的特定范围中，以消除数值型属性因大小不一而造成的挖掘结果的偏差。通常有以下方法：

(1) 最小/最大规范化：对数据进行线性变换，将数据映射到[0，1]范围区间。

(2) 零均值规范化：经过处理的数据均值为 0，方差为 1。

(3) 小数定标规范化：通过移动属性值的小数点位置，将属性值映射到[−1，1]，移动的小数位数取决于属性值绝对值的最大值。

数据经过规格化处理，既可确保后续数据处理方便，也可以保证程序运行收敛加快。数据规范化常用于神经网络、基于距离计算的最近邻分类和聚类挖掘的数据预处理。

5．属性构造

属性构造是指根据已有属性集构造新属性，以帮助挖掘更深层次模式知识，提高挖掘结果准确性。如根据宽度、高度属性可构造出面积属性。通过属性构造处理，可减少使用判定树算法分类产生的分裂问题。

7.2.4　数据规约

数据规约是指在尽可能保证数据完整性的前提下，删除与数据挖掘任务无关或相关性弱的数据实例或属性，最大限度地精简数据量，减少系统运行复杂性，得到与使用原始数据集近乎相同的分析结果。

数据规约有属性规约和数量规约两个途径，前者针对数据属性，后者针对数据记录。常见的数据规约方法包括属性规约、数据压缩、数值规约、概念分层。

1．属性规约

属性规约是指通过属性合并来创建新的属性维数，或通过删除多余和不相关的属性来减少属性维数，以此达到减少数据集规模的目的。很多数据挖掘分析模型都不适用于高维数据，或运行效率很低，因而需要进行降维处理，即采用属性子集选择方法找出最小属性集，使得数据类的概率分布尽可能地接近所有属性的原分布。

常用的属性规约方法有合并属性、逐步向前选择、逐步向后删除、决策树归纳等方法，见表 7-4 所示。

表 7-4   属性规约常用方法

方法类型	方 法 描 述	方 法 解 析
合并属性	将一些旧属性合并为新属性	初始属性集：$\{A_1, A_2, A_3, A_4, B_1, B_2, B_3, C\}$ 处理过程：$\{A_1, A_2, A_3, A_4\}{\rightarrow}A$，$\{B_1, B_2, B_3\}{\rightarrow}B$ 规约后属性集：$\{A, B, C\}$
逐步向前选择	从一个空属性集开始,每次从原来属性集合中选择一个当前最优属性添加到当前属性子集中,直到无法找出最优属性或满足一定阈值结束为止	初始属性集：$\{A_1, A_2, A_3, A_4, A_5, A_6\}$ 处理过程：$\{\}{\rightarrow}\{A_1\}{\rightarrow}\{A_1, A_4\}{\rightarrow}\{A_1, A_4, A_6\}$ 规约后属性集：$\{A_1, A_4, A_6\}$
逐步向后删除	从一个全属性集开始,每次从当前属性子集中选择一个当前最差的属性并将其从当前属性子集中消去,直到无法选择出最差属性为止或满足一定阈值约束为止	初始属性集：$\{A_1, A_2, A_3, A_4, A_5, A_6\}$ 处理过程：$\{A_1, A_2, A_3, A_4, A_5, A_6\}{\rightarrow}\{A_1, A_3, A_4, A_5, A_6\}$ ${\rightarrow}\{A_1, A_4, A_5, A_6\}{\rightarrow}\{A_1, A_4, A_6\}$ 规约后属性集：$\{A_1, A_4, A_6\}$
决策树归纳	利用决策树的归纳方法对初始数据进行分类归纳学习,获得一个初始决策树,所有没有出现在这个决策树上的属性均可认为是无关属性,因此将这些属性从初始集合中删除,就可以获得一个较优的属性子集	初始属性集：$\{A_1, A_2, A_3, A_4, A_5, A_6\}$ 处理过程： 规约后属性集：$\{A_1, A_4, A_6\}$

2. 数据压缩

数据压缩是指利用数据编码或数据转换等手段,将原数据集压缩为一个较小规模的数据集。数据压缩分为有损压缩和无损压缩。

有损压缩通过对原始数据进行压缩,以牺牲部分细节和精度的方式来减小数据的存储或传输空间。主要包括以下方法：

(1) 变换编码压缩方法：包括 DCT(离散余弦变换)、DWT(离散小波变换)等方法,这些方法将数据转换到另一个域中,利用变换后的系数进行表示和压缩。

(2) 预测编码压缩方法：包括 DPCM(Differential Pulse Code Modulation)、JPEG 算法等方法,这些方法利用前向预测或差分编码来表示数据变化,并对预测误差进行编码和压缩。

(3) 量化压缩方法：包括 JPEG、MP3 等方法,这些方法通过将数据中的精度进行降低或量化,去除一部分细节信息以实现压缩。

无损压缩通过对原始数据进行压缩,使得压缩后的数据可完全还原为原始数据,不引入任何信息的损失。主要包括以下方法：

(1) 静态字典压缩方法：包括 LZ77、LZ78、LZW 等方法，这些方法通过构建字典并使用索引进行表示来实现压缩。

(2) 动态字典压缩方法：包括 PPM(Prediction by Partial Matching)、BWT(Burrows-Wheeler Transform)等方法，这些方法在压缩过程中动态地更新字典，以适应数据的特点。

(3) 字符编码压缩方法：包括 Huffman 编码、算术编码等方法，这些方法利用数据中字符出现的频率或概率分布进行编码，实现高效压缩。

3．数值规约

数值规约是指通过选择可替代的、较小的数据表示形式来减少数据量。数值规约可以分为参数方法、非参数方法等压缩方式。

参数方法是一种基于假设或预先确定参数的数据规约方法。它假设数据遵循某种特定的分布或模型，并根据这些假设来对数据进行规约。常见的参数方法包括：

(1) 均值归一化：将数据减去均值并除以标准差，使数据的均值为 0，标准差为 1。

(2) 区间缩放：将数据线性映射到指定的区间，通常是[0，−1]或[−1，1]。

(3) Z-Score 标准化：将数据减去均值并除以标准差，使数据的均值为 0，标准差为 1。

(4) 主成分分析：通过线性变换将数据投影到低维空间，保留数据最重要的特征。

非参数方法是一种不依赖于特定参数或假设的数据规约方法，通常是基于排序或秩次的统计方法，不需要对数据分布做出假设。常见的非参数方法包括：

(1) 直方图：通过构建数据的直方图，将数据划分为若干个区间，并根据直方图的统计信息对数据进行规约。

(2) 聚类：利用聚类算法将数据划分为若干个簇，然后用簇的代表值来代替原始数据，例如使用簇的中心或密度最大点。

(3) 抽样：用数据的较小随机样本表示大的数据集，如简单选样、聚类选样和分层选样等。

(4) 中位数归一化：将数据减去中位数并除以绝对离差中位数，使数据的中位数为 0。

(5) 核密度估计：通过核函数估计数据的概率密度函数，从而得到数据的概率分布估计。

4．概念分层

概念分层通过收集概念并用较高的概念(如青年、中年或老年)代替较低层级的概念(如年龄的数值)，实现了定义数值属性的离散化。通过将属性值划分为区间，用数据离散化技术可以减少给定连续数值的个数。另外用少数的区间标记替代实际的数据值，可减少原来的数据。使用概念分层可实现对数据的泛化，尽管数据丢失了部分细节，但得到的数据具有高维度特征，且更有意义，更容易理解。

数值属性的概念分层可根据数据分布自动地构造，如分箱、直方图分析、基于熵的离散化、聚类分析、根据直观划分离散化等。对于分类数据来说，其本身就是离散数据，一个分类属性具有有限个不同值、值之间无序等特点。概念分层有两种方法：一种方法是由用户或专家通过说明属性的偏序或全序，从而获得概念分层；另一种方法是说明属性集但不说明偏序，根据给定属性集中每个属性不同值的个数自动地产生属性序，从而自动构造有意义的概念分层。

7.2.5　数据标签化

图像、音频、视频、文档等非结构化数据无法直接采用结构化数据库进行存储与管理，一般采用分布式文件结合元数据表的形式存储。因而，需要使用与非结构化数据实体关联的键或者标签(元数据)来完成对非结构化数据的描述。

数据标签化是指将数据的特征标识从数据库或元数据的字段或属性值中提炼出来，然后将这些特征标识汇聚在一起，形成该类型数据独有的特征，以此对数据进行特征化描述。无论是结构化数据还是非结构化数据，都可以进行标签化处理。不同之处在于，结构化数据的标签源于数据库中的属性值，而非结构化数据的标签则由与数据实体紧密关联的元数据提供。数据标签(元数据)和数据实体之间的关联机制如图 7-7 所示。

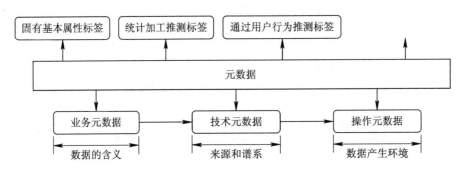

图 7-7　数据标签(元数据)与数据实体之间的关联机制

计算机通过数据标签(元数据)读取到数据实体的特征信息，便可以将结构化数据与非结构化数据进行一定程度的集成融合，从而帮助数据挖掘人员快速理解非结构化数据内容的特征，进而去深入使用这些数据。按照数据标签化的方式划分，数据标签分为固有基本属性标签、统计加工推测标签、通过用户行为推测标签、通过模型挖掘推测标签四种类型。

1. 固有基本属性标签

固有基本属性标签是通过直接提取元数据或数据实体中的属性值来生成的，无需进行数据的加工或转换处理，这些标签属于统计类标签。以人为例，固有基本属性标签包括：

(1) 自然属性：出生日期、性别、年龄、身高、体重、血型、肤色等信息。

(2) 社会属性：语言、种族、教育程度、收入水平、工作单位、房产、汽车等信息。

(3) 心理属性：兴趣爱好、消费偏好等信息。

2. 统计加工推测标签

统计加工推测标签是通过对数据进行简单的分析和逻辑计算，根据目标用户通常的行为规律进行推导和总结形成的标签。例如：

(1) 年龄段在 18 岁以上，标记为"成年人"。

(2) 如果职业是 IT 行业，标记为"白领"。

(3) 根据出生日期，推算出星座、生肖、性格等属性值。

(4) 根据毕业时间，推算出工作年限等属性值。

(5) 根据收入水平，推测消费能力等属性值。

3. 通过用户行为推测标签

通过用户行为推测标签是一种预测类标签，是通过对个体的行为特征进行推测得出的。这些标签是通过分析用户行为，并应用模型预测得出的，用于预测用户的兴趣、喜好和其他相关特征。例如：

(1) 根据个体的地铁刷卡记录，标记为"上班族"。

(2) 根据个体在大城市的房产和购车记录，标记为"高收入人群"。

(3) 根据个体的高尔夫球用品等购买记录，标记为"商务人士"。

(4) 根据个体的尿不湿等购买记录，标记为"女性""孕妇""妈妈"等。

4. 通过模型挖掘推测标签

通过模型挖掘推测标签是指利用数据挖掘模型和预测算法，对目标进行预测性的标签化。比如，一般决策树常被用于对客户流失进行预测。客户流失预测模型会综合考虑多个指标来对人群进行分析，输出每个个体流失概率得分，从而将人群被划分为高、中、低流失用户以及不流失用户等类别，并被打上相应的标签。

7.3 ETL 技术

所谓 ETL(Extract Transform Load)，是指数据从异构的数据源经过抽取与转换，最终加载到目标数据源的过程，如图 7-8 所示。ETL 负责将分布的、异构的源数据进行抽取，按照预先设计的规则对不完整数据、重复数据以及错误数据等"脏"数据内容进行清洗，得到符合要求的数据，实现异构多源数据的集成，为数据仓库建立、联机分析处理、数据挖掘奠定基础。

由于在信息系统应用中，大多数企业的业务系统都存在平台不同、数据源异构等问题，同时还存在滥用缩写词/惯用语、数据输入错误、数据重复记录、丢失值、拼写变化、不同单位/编码等现象，导致了数据质量较低，从而造成了异构数据源之间的数据传递与共享较为困难。因而，需要对业务支撑系统的原始操作数据进行相应的清洗和转换。ETL 技术就是面向解决该类问题的。

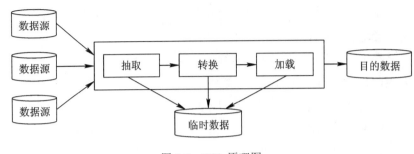

图 7-8　ETL 原理图

7.3.1　数据抽取

数据抽取是指从各种原始的业务系统中将原始数据读取出来，可以看作是数据的输入过程。由于在实际应用中数据源多采用的是关系数据库，因此数据抽取可以分为数据全量抽取和数据增量抽取。全量抽取类似于数据迁移或数据复制，即将数据源中的表或视图的数据原封不动地从数据库中抽取出来。增量抽取是在全量抽取完成后，抽取源表中新增或被修改的数据。在 ETL 使用过程中，数据增量抽取比数据全量抽取应用得更广泛。目前数据增量抽取常用的捕获变化数据的方法有触发器、时间戳、全表对比和日志对比等方法。

(1) 触发器方法。

触发器方法是在要抽取数据的表上建立触发器，一般要建立插入、修改、删除等触发器，每当源表中数据发生变化时，相应触发器就将变化数据写入一个临时表，抽取线程则从临时表中抽取数据，同时临时表中抽取过的数据被标记或删除。触发器方法的优点是数据抽取的性能较高，加载规则简单，不需要修改业务系统表结构，可实现数据的递增加载；缺点是要求在业务表上要建立触发器，对业务系统有一定影响。

(2) 时间戳方法。

时间戳方法是一种基于快照比较变化的数据捕获方式，即在源表上增加一个时间戳字段，修改表数据的同时，修改时间戳字段的值。当进行数据抽取时，通过比较系统时间与时间戳字段的值来定位数据抽取内容。有的数据库的时间戳支持自动更新，即表的其他字段的数据发生改变时自动更新时间戳字段的值。有的数据库不支持时间戳的自动更新，这就要求业务系统在更新业务数据时手工更新时间戳字段。同触发器方法一样，时间戳方法性能也比较好，数据抽取过程相对清楚、简单，但对业务系统的所有目标表都需要加入额外的时间戳字段，特别是对不支持时间戳的自动更新的数据库，还要求业务系统进行额外的更新时间戳操作。

(3) 全表对比方法。

全表对比方法是指每次从源表中读取所有记录，然后逐条比较源表和目标表的记录，将新增和修改的记录过滤读取出来。典型的全表对比方法是采用 MD5 校验码方法，即 ETL 工具事先要为要抽取的表建立一个结构类似的 MD5 临时表，记录源表主键以及根据所有字段的数据计算出来的 MD5 校验码。每次进行数据抽取时，对源表和 MD5 临时表进行 MD5 校验码比对，从而决定是否对源表中的数据进行新增、修改或删除，同时更新 MD5 校验码。MD5 校验码方法的优点是对源数据库仅需要建立 MD5 临时表，对系统的侵入性较小，对已有系统表结构不产生影响。但是由于抽取时 MD5 临时表的建立涉及比较计算，导致抽取时性能较差，并且当表中没有主键列且有重复记录时，MD5 校验码方法的准确性较差。

(4) 日志对比方法。

日志对比方法是指在数据库中创建业务日志表，当监控的业务数据发生特定的变化时，由程序模块更新、维护日志表内容。Oracle 的数据改变捕获技术(Changed Data Capture，CDC)是该方法的主流技术，即通过识别从上次抽取之后数据的变化内容，对源数据表进行增加、修改或删除等操作，同时把变化数据保存在数据库的变化表中，并通过数据库视图的方式提供给目标系统。

7.3.2 数据转换

数据转换是指将数据按照预先设计好的规则进行转换、清洗，处理一些冗余、歧义、不完整、违反业务规则的数据，统一数据的格式、内容与粒度。数据的转换和加工可以在 ETL 引擎中进行，也可以在数据抽取过程中利用关系数据库的特性同时进行。在 ETL 引擎中一般通过组件拼装的方式实现数据转换，有些 ETL 工具还提供了脚本支持。常用的数据转换组件有字段映射、数据过滤、数据清洗、数据替换、数据计算、数据验证、数据加解密、数据合并、数据拆分等。数据转换的操作如下：

(1) 直接映射：数据源字段和目标字段长度或精度相同，则无需做任何处理。

(2) 字符串处理：从数据源的字符串字段中进行类型转换、字符串截取等操作，以获取特定信息作为目标数据库的某个字段。

(3) 字段运算：将数据源的一个或多个字段进行数学运算而得到目标字段。

(4) 空值判断：对数据源中的空值字段进行判断，并转换成特定的值。

(5) 日期转换：对数据源字段的日期格式进行统一格式转换。

(6) 聚集运算：通过数据源一个或多个字段运用 sum、count、avg、min、max 等聚集函数得到目标数据库表中的一些度量字段。

(7) 既定取值：取目标字段一个固定的值或是依赖系统的值，而不依赖于数据源字段。

除了在 ETL 引擎中进行数据转换和加工，还可以直接在数据库中使用数据 SQL 语句进行数据转换和加工，过程更加简单、清晰，性能更高。对于 SQL 语句无法处理的数据可再交给 ETL 引擎进行处理。

7.3.3　数据加载

数据加载是指将转换后的数据按照计划增量或全部导入到目标库中。数据加载的最佳方法取决于所执行操作的类型以及需要装入多少数据。一般来说有两种数据加载方式：一是直接使用 SQL 语言进行增加、删除、修改等操作；二是采用关系数据库特有的批量装载工具或 API 加载数据，也可以采用多程并行处理方式加载数据。第一种方式由于进行了 SQL 命令的日志记录，因此具备一定的数据恢复性；第二种方法采用批量装载工具进行操作，易于使用，在装入大量数据时效率较高。

7.3.4　ETL 工具

在数据集成时选择 ETL 工具，需要考虑以下几个方面：

(1) 对平台的支持程度。

(2) 对数据源的支持程度。

(3) 抽取和加载数据时对业务系统的性能影响程度。

(4) 数据转换和加工能力。

(5) 管理和调度功能健全性。

(6) 工具的集成性与开放性。

ETL 工具从厂商来源来看，分为两种：一种是数据库厂商自带的 ETL 工具，典型的代表产品有 Oracle 的 ODI 和 OWB、SQL Server 的 SSIS 等；另一种是第三方工具提供商提供的 ETL 工具，如 Informatica Enterprise Data Integration、Kettle 等。

(1) Oracle Data Integrator(ODI)。

ODI 是 Oracle 在 2006 年收购 Sunopsis 公司后整合推出的一款数据集成工具，现在是 Oracle Fusion Middleware 的组件。ODI 是一个全面的数据集成平台，涉及领域包括高容量、高性能、批处理、事件驱动的少量传送集成过程以及支持 SOA 的数据服务。与常见的 ETL 工具不同，ODI 不是采用独立的引擎而是采用数据库管理系统进行数据转换。ODI 以图形模块设计工具和调度代理访问信息库为中心进行数据集成，其中图形模块用于设计和构建集成过程，代理用于安排和协调集成任务。调度代理访问信息库可帮助数据管理员根据信息库中的元数据生成报告。

(2) Microsoft SQL Server Integration Services(SSIS)。

SSIS 的前身是 Microsoft SQL Server 的 DTS(数据转换服务)，是用于生成企业级数据集成和数据转换解决方案的平台。SSIS 具备许多现成的标准任务功能，例如 Transform Data(数据转换)、Execute Process(执行处理)、ActiveX Script(动态脚本)，Execute SQL(执行 SQL) 和 Bulk Insert Tasks(块插入任务)。SSIS 包含丰富的内置任务和转换工具、用于构造包的工具以及用于运行和管理包的服务。SSIS 可以使用图形工具来创建解决方案，也可以对各种对象模型进行编程，通过编程方式创建包，并编写自定义任务以及其他包对象的代码。

(3) Informatica Enterprise Data Integration。

Informatica Enterprise Data Integration 是 Informatica 公司旗下的数据集成与应用解决方案，包括 Informatica Power Center 和 Informatica Power Exchange 两大产品，具备数据集成工具、数据质量工具、元数据管理解决方案、主数据管理解决方案及企业级集成平台等系列解决方案。Informatica Power Center 是一个功能强大的数据整合引擎，具备数据清洗与匹配、数据屏蔽、数据验证、负载均衡、企业网格、元数据交换、下推优化、团队开发和非结构化数据等组件功能，不需要开发者手工编写这些过程的代码。Informatica Power Exchange 是一系列的数据访问产品，用于访问和集成多种业务系统及格式的数据，支持多种不同的数据源和各类应用，包括企业应用程序、数据库和数据仓库，大型机、中型系统、消息传递系统和技术标准，并支持 ERP 系统(PeopleSoft、SAP)、CRM 系统(Siebel)、电子商务数据(XML、MQ Series)等接口与格式。

(4) Kettle。

Kettle 是当前主流的开源 ETL 工具，是由 Pentaho 组织使用元数据驱动的方法进行设计和开发而成的。Kettle 支持 Windows、Linux 等多个操作系统平台，具备无代码拖拽式构建数据管道、数据管道可视化、模板化开发数据管道、深度 Hadoop 支持、数据任务下 Spark 集群、支持数据挖掘与机器学习等特点。Kettle 主要包含 Spoon、Pan、Chef、Kitchen 等四个工具。其中，Spoon 是数据转换工作的图形化设计工具；Pan 是由 Spoon 设计的 ETL 转换的后台运行程序；Chef 是任务管理工具，负责完成任务内容配置、转换与脚本设计；Kitchen 是远程执行数据任务的服务调度程序。

此外，开源 ETL 工具还有 Talend、CloverETL、Octopus 等。Talend 基于 Eclipse 平台，提供全功能的 Data Integration 解决方案，可以实现商业流程建模、数据流程建模等功能；CloverETL 提供一组 API，用 XML 来定义 ETL 过程；Octopus 是 Enhydra 组织的 ETL 工具，支持任何 JDBC 数据源(用 XML 定义)，也支持 JDBC、ODBC、XML、EXCEL 等。

ETL 工具中比较著名的是由法国 INRIA 开发的 AJAX 系统、Berkeley 开发的 Potter's Wheel 系统以及 P. Vassiliadis 等人的 Arktos 原型系统。AJAX 系统主要面向数据清洗，用来处理典型的数据质量问题，例如对象同一性问题、拼写错误，以及记录之间的数据矛盾问题；Potter's Wheel 系统可以向用户提供交互式的数据清洗过程。这两种原型系统都基于代数学(algebras)，尤其适用于数据是均匀的网络数据的情况。Arktos 原型系统提供一个用于 ETL 流程的标准元模型，并支持以客户化的可扩展的方式对 ETL 过程进行建模。

第8章 数据存储技术

8.1 数据存储概述

8.1.1 数据存储系统

数据存储系统一般由存储介质、组网方式、存储协议和类型、存储架构、连接方式等部分组成，整体架构如图 8-1 所示。在进行数据存储系统设计和选型时，一般从存储容量、存储性能、可靠性、成本、存储物理架构、数据备份与容灾等多个方面进行考虑。

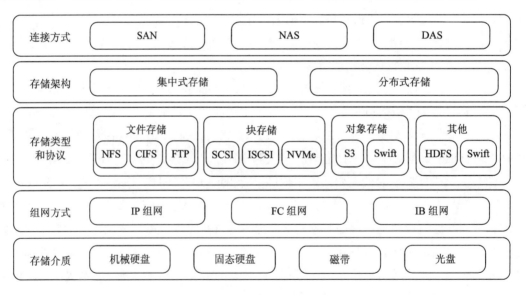

图 8-1　存储系统整体架构图

8.1.2 数据存储介质

数据存储介质是指用于存储和读取数据的物理媒体或设备，例如磁带、光盘、硬盘驱动器、固态硬盘等。

(1) 磁带。磁带是一种线性存储介质，利用磁性材料在磁带上记录数据，通常用于大规模数据备份和长期存档。

(2) 光盘。光盘使用激光技术来读取和写入数据，可以存储音频、视频和计算机文件等多种类型的数据。

(3) 硬盘驱动器。硬盘驱动器使用磁盘来存储数据，包含一个或多个旋转的磁盘，利用磁头在磁道上读写数据。

(4) 固态硬盘。固态硬盘使用闪存存储器来存储数据，其没有机械部件，访问速度快，抗震抗摔，但价格相对较高。

8.1.3 数据存储容量

数据存储容量通常用来描述计算机系统或存储设备可以存储的数据量的大小。常用的存储容量单位包括 kB、MB、GB、TB、PB、EB、ZB、YB 等，每个单位都是前一个单位的 1024 倍，例如 1 PB = 1024 TB。这些单位通常用于描述计算机存储设备(如硬盘、固态硬盘、内存等)的容量大小，以及互联网流量、大型数据库、云存储等数据规模。

目前主流的桌面存储系统容量大多在 TB 级，而大型的数据中心的存储容量可达 PB、EB，甚至更高量级。随着存储容量的不断扩大，对存储系统的可靠性、可用性、存取性能、可管理性、可扩展性的要求也越来越高。

8.1.4 数据存储系统存储性能

衡量一个数据存储系统性能的主要指标包括传输速率、响应时间、随机访问时间、吞吐量、缓存大小。

(1) 传输速率：表示在数据存储设备与计算机或其他设备之间传输数据的速度。它通常以每秒传输的数据量来衡量，单位可以是 B/s、KB/s、MB/s 等。

(2) 响应时间：指存储设备对于读取或写入请求的快速响应能力，响应时间一般以毫秒(ms)为单位，较低的响应时间意味着设备能够更快地完成读取或写入操作。

(3) 随机访问时间：用于描述存储设备进行随机访问(即非连续地址的读取或写入)的速度，包括寻道时间(磁盘驱动器移动读写头到目标位置的时间)、旋转延迟时间(磁盘旋转找到目标数据的时间)和数据传输时间(读取或写入数据的时间)。

(4) 吞吐量：表示存储设备在单位时间内能够处理的数据量，一般以 B/s、kB/s、MB/s 来度量，较高的吞吐量表示设备能够更快地处理大量数据。

(5) 缓存大小：指存储设备内部用于临时存储数据的高速缓存容量。较大的缓存容量可以提高数据访问效率，特别是对于频繁访问的数据。

以上这些性能描述会因存储设备类型不同而不同，不同的应用场景可能要求不同的性能指标。因此，在选择存储设备时，需要根据具体需求和预期的工作负载来考虑这些性能指标。

8.1.5 数据存储成本

数据存储成本取决于多个因素，包括存储介质类型、存储容量需求、存储设备的品牌和型号以及市场供需等因素。数据存储成本分为一次性建设成本和后期运维成本。其中，一次性建设成本包括采购或研发存储设备、存储控制器、存储网络设备、数据管理软件等的成本，后期运维成本包括数据存储系统运行过程中的能耗、维护、更新等成本。

以下是一些常见的数据存储方式和它们的成本特点：

(1) 磁带存储：通常用于长期数据归档和备份，具有低成本、高容量的特点，适用于不经常需要读取或写入的数据。

(2) 硬盘驱动器：使用旋转磁盘和磁头进行数据存储，价格相对较低，成本随着容量的增加而逐渐降低，通常以每千字节(KB)或每兆字节(MB)的价格计算。

(3) 固态硬盘(SSD)：使用闪存技术代替了机械部件，具有更快的访问速度和更高的可靠性，价格相对较高，但随着技术的发展和市场竞争，价格逐渐下降。

需要注意的是，数据存储成本还受到供需关系、技术发展和市场竞争等因素的影响，因此存储设备价格可能会随时间而变化。此外，对于企业用户而言，还需要考虑设备可靠性、维护成本和数据安全等因素来综合评估存储成本。

8.1.6 数据存储可靠性和可用性

数据存储的基本功能是可靠、完整地保存数据。因此，可靠性和可用性是数据存储最重要的两项指标。

1. 数据存储可靠性

可靠性是指产品在规定条件下和规定时间内完成规定任务的概率。数据存储系统的可靠性反映了数据存储系统运行的稳定程度。

在工程实践中，一般用故障率和平均故障间隔时间(Mean Time Between Failures，MTBF)来衡量系统的可靠性，且故障率和 MTBF 互为倒数关系。例如，某数据中心有 100 块硬盘，在 1 年之内出现了 4 次故障，则其故障率为 $4/100 = 0.04$ 次/年，平均故障间隔时间为 $1/0.04 = 25$ 年。

2. 存储可靠性

可用性是指在一定时间内，系统可正常工作的时间所占的比例。根据 MTBF 和 MTTR 两个指标的定义可以得到可用性。从发生故障开始到修复完成，系统恢复正常工作的平均时间称为平均修复时间(Mean Time To Recovery，MTTR)，则有

$$可用性 = \frac{\text{MTBF}}{\text{MTBF} + \text{MTTR}}$$

假设前述数据中心的 MTTR 为 5 小时，则该数据中心的可用性约为 0.999 977，即

99.9977%。通常情况下，我们会使用可用性结果中小数点后 9 的个数来表示系统的可用性水平。在这种情况下，上述数据中心达到了 4 个 9 的可用性水平。然而，对于提供在线数据存储服务的存储系统来说，其可靠性要求更高，至少需要达到 5 个 9 的标准，即可用性需超过 99.999%，也就是平均每年故障时间不超过 5 分 15 秒。

8.2　数据存储架构

数据存储架构是指存储设备的组织形式和存储系统与主机的连接方式，根据存储服务器类型，可分为封闭系统的存储和开放系统的存储，如图 8-2 所示。

图 8-2　数据存储的架构分类

封闭系统主要是指基于厂商固有系统的大型服务器；开放系统是指基于 Windows、UNIX、Linux 等操作系统的服务器。开放系统的存储分为内置存储和外挂存储。外挂存储根据连接的方式又分为直接连接存储(Direct Attached Storage，DAS)和网络连接存储(Fabric Attached Storage，FAS)，而其中网络连接存储根据传输协议又分为网络接入存储(Network Attached Storage，NAS)和存储区域网络(Storage Area Network，SAN)。

8.2.1　直接连接存储(DAS)

直接连接存储也称服务器附加存储(Server Attached Storage，SAS)，是指将外置存储设备通过连接电缆直接连接到一台主机上，其典型拓扑结构如图 8-3 所示。

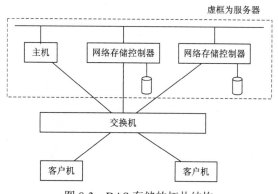

图 8-3　DAS 存储的拓扑结构

主机与存储设备的连接有多种方式，如 ATA(Advanced Technology Attachment)、SATA(Serial Advanced Technology Attachment)、SCSI(Small Computer System Interface)、FC(Fibre Channel)等方式，在实际应用中大多采用 SCSI 方式。SCSI 连接方式所提供的存储服务有诸多限制，主要包括：一是与服务器连接距离通常不超过 10 m，限制了其部署位置的选择；二是 SCSI 连接方式只能连接两台服务器，限制了其在规模更大、更复杂的应用环境中的使用；三是 SCSI 盘阵的控制器存在固定的容量限制，无法在线进行扩容。

直接连接存储的优点是实施简单易行，无需专业人员进行维护，并且成本较低。对于只需要一两台服务器且数据量不大的中小型网络来说，直接连接存储(DAS)能够满足存储空间扩展的需求。随着单台外置存储设备容量的增加，从 GB 发展到 TB 级别，能够满足绝大部分中小型网络的需求。其缺点是扩展能力非常有限，无法像网络接入存储(NAS)或存储区域网络(SAN)等方法那样轻松地扩展存储容量，并且如果主机系统出现软件或硬件故障，将直接影响对存储数据的访问。

8.2.2　网络接入存储(NAS)

网络接入存储(Network Attached Storage，NAS)是一种通过以太网实现的数据存储技术，通过专用存储服务器，具有网络通信和文件管理功能。

网络接入存储的拓扑结构通常采用客户端/服务器模式，多个客户端通过以太网连接到 NAS 服务器(WindowsNT 服务器、UNIX 服务器)，而 NAS 服务器负责存储和管理数据，如图 8-4 所示。客户端可以使用标准网络协议来访问 NAS 服务器中的文件和数据，使得数据共享变得更加方便和高效。由于 NAS 服务器具有独立的操作系统、文件系统和存储管理功能，因此可提供更可靠的数据保护和更高的数据可用性。此外，NAS 还可以支持多种 RAID 级别，提供更高的数据安全性和恢复能力。

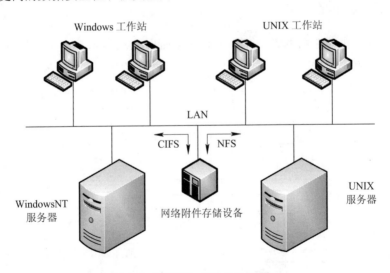

图 8-4　网络接入存储的拓扑结构

　　NAS 通常用于处理非结构化数据，如文档和图像，而不适合处理事务型数据存储需求。由于 NAS 采用高级应用层网络文件系统(Network File System，NFS)协议和通用网络文件共享(Common Internet File System，CIFS)协议，因此会增加系统的响应时间。同时相比于 SAN，NAS 的数据传输速度较慢。NAS 设备与客户机通过企业网络连接，可能会占用网络带宽，从而影响网络的其他应用性能，因而共享网络带宽是限制 NAS 性能的主要问题。此外，NAS 的可扩展性受到设备大小的限制。虽然增加额外 NAS 设备相对容易，但无缝合并两个 NAS 设备的存储空间并不容易，这是因为 NAS 设备通常具有独特的网络标识符，限制了存储空间的扩展性。

　　网络接入存储的优点是：NAS 设备通常采用专用的操作系统和文件系统，并且具有友好的用户界面和简化的安装过程，使得非常易于设置和管理，并具备高度可靠性和稳定性；用户可以通过标准的网络协议来访问和共享文件，无需额外的软件安装；NAS 设备通常具备灵活的存储扩展性，可根据需要添加新的硬盘驱动器或扩展存储容量，而无需停止系统运行。其缺点是其性能受到网络带宽的限制，并且通过网络进行数据访问存在一定安全性挑战。

8.2.3　存储区域网络(SAN)

　　存储区域网络主要通过高速网络和信道 I/O 接口将主机和存储系统联系起来，如图 8-5 所示。SAN 解决方案主要有 2 种：一是基于光纤通道(Fibre Channel，FC)的 FC SAN；二是基于互联网小型计算机系统接口(Internet Small Computer System Interface，ISCSI)协议的 IP SAN。

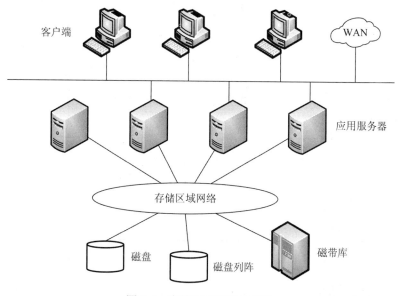

图 8-5　存储区域网络示意图

　　SAN 核心技术就是 FC 协议，这是 ANSI 为网络和信道 I/O 接口建立的一个标准集，支持 HIPPI(High Performance Parallel Interface)、IPI(Internet Protocol Interoperability)、

SCSI(Small Computer System Interface)、IP(Internet Protocol)、ATM(Asynchronous Transfer Mode)等多种高级协议。与传统技术相比，SAN 技术的最大特点是将存储设备从传统的以太网中隔离出来，成为独立的存储局域网络。SAN 使得存储设备与服务器分开成为现实。SAN 技术的另一大特点是完全采用光纤连接，从而保证了巨大的数据传输带宽。目前其数据传输速度已达 4 GB/s，传输距离可达 100 km，一条 FC 环路最大可以承载 126 个设备。

存储区域网络的优点是：专为传输而设计的光纤信道协议，使其传输速率和传输效率都非常高，特别适合于大数据量、高带宽的传输要求；采用了网络结构，具有无限的扩展能力。其缺点是成本高、管理难度大。

以上几种数据存储架构的主要特点对比如表 8-1 所示。

表 8-1   数据存储架构对比表

比较项目	DAS	NAS	光纤信道 SAN	ISCSI SAN
安装与维护	单机安装维护简单，多系统时工作量大	安装简单，即插即用	安装维护复杂	安装维护简单
异构网络环境下文件共享	不支持	支持	不支持	不支持
接口技术	SCSI(一般)	IP	FC	IP
存取方式	数据块	文件	数据块	数据块
传输介质	多芯电缆	双绞线	光纤	双绞线
操作系统	依赖于主机操作系统	自带优化的存储操作系统	依赖于服务器操作系统	依赖于服务器操作系统
传输带宽	较高	低	高	中
传输效率	高	低	高	低
数据管理	需第三方存储管理软件	自带	需第三方存储管理软件	需第三方存储管理软件
扩充性	一定程度的容错性	好	好	好
容错性	支持	一定程度的容错性	很好	很好
数据库存储	短，只有几米	不支持	支持	支持
传输距离	单台成本低，但系统扩容时成本增加快	无限制	100 km(无中继)	无限制
拥有成本	单机安装维护简单，多系统时工作量大	低	高	中

8.3 RAID 技术

独立硬盘冗余阵列(Redundant Array of Independent Disks，RAID)是一种通过冗余配置

存储设备以提升存储性能和存储可靠性的技术。RAID 技术的基本思想是通过把多个相对便宜的硬盘组成一个硬盘阵列组，使整体性能和可靠性达到甚至超过一个价格昂贵、容量巨大的单体硬盘。

根据实现方法的不同，RAID 可分为软件 RAID 和硬件 RAID。软件 RAID 是通过操作系统内核提供的软件来实现的，可以在普通计算机上使用。虽然软件 RAID 成本较低，但需要占用主机 CPU 资源，导致系统总体性能下降，在工程实践中较少采用。目前广泛采用的是基于专用的硬件控制器实现的硬件 RAID。硬件 RAID 控制器通常集成在独立的 PCB 板上，主要功能包括管理和控制硬盘聚合、转换逻辑磁盘和物理磁盘之间的 I/O 请求，并在磁盘故障时重新恢复数据。由于硬件 RAID 使用专用的硬件资源，因此效率更高，可靠性更强。

8.3.1　RAID 的三项关键技术

RAID 主要通过三项关键技术实现存储性能和可靠性的提升，分别是分条、镜像、奇偶校验。具体内容如下：

(1) 分条：将连续数据分割成相同大小数据块，并将每个数据块写入磁盘阵列中不同的物理磁盘上，因为数据被均匀地分布在多个磁盘上，从而实现并行处理。

(2) 镜像：将相同数据同时写入磁盘阵列中的两个或多个磁盘上，该方法可提供冗余备份，即使某个磁盘发生故障，也可以通过其他磁盘中的镜像数据来恢复原始数据。

(3) 奇偶校验：在写入数据时，根据一定规则为数据块计算校验和，并将数据本身和校验结果一起写入磁盘阵列，在读取数据时通过奇偶校验来验证数据正确性，如果某个磁盘上的数据损坏或丢失，则可通过奇偶校验来恢复原始数据。

8.3.2　常用 RAID 等级

1. RAID 0

RAID 0 为无容错能力的分条集，如图 8-6 所示。主机向磁盘阵列写入数据时，RAID 控制器根据阵列中的磁盘数量将数据平均划分为若干份，每一份数据写入一个磁盘。因此，RAID 0 通过数据读写的并行化实现了高性能，但是只要任何一个磁盘出现故障，整个阵列的数据就无法恢复。

RAID 0 的优点是将数据块分散写入多个硬盘，提高了数据传输速度和性能，存储容量等于所有硬盘容量之和；其缺点是没有冗余机制，任何一块硬盘损坏都会导致数据丢失。RAID 0 适合于追求高性能，并对可靠性要求不高的场景，如大型视频剪接编辑系统的数据存储。

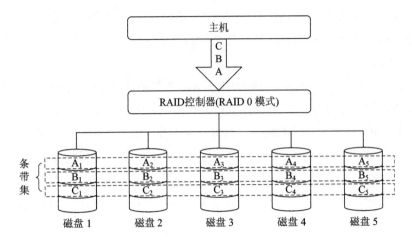

图 8-6　RAID 0 示意图

2．RAID 1

RAID 1 是把磁盘阵列中的磁盘分成数量相等的两组，互相作为另一组的镜像，如图 8-7 所示。RAID 1 是通过数据冗余存储来实现高可靠存储，虽然可用容量只有磁盘总容量的一半，但是能够允许最多 $n/2$ 个磁盘同时故障而不丢失数据。

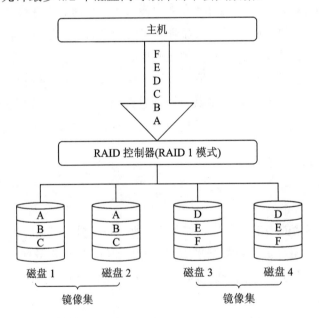

图 8-7　RAID 1 示意图

RAID 1 的优点是将数据同时写入两组硬盘，保证数据的冗余备份，提高了数据的高可靠性，最大允许一半数量的硬盘出现故障。其缺点是存储容量只为总硬盘容量的一半。RAID 1 适用于对数据安全性要求较高的场景，如数据库服务器、文件服务器等。

3．RAID 1+0

RAID 1+0 是一种嵌套型的 RAID 方案，即先组建两个或多个 RAID 1 阵列(镜像集)，再把这些镜像集组成一个 RAID 0 阵列(条带集)，如图 8-8 所示。这种方式最少需要 4 个磁盘，而且阵列中的磁盘数量必须为偶数。在 RAID 1+0 阵列中，当任意一个磁盘出现故障时，其他磁盘还可继续正常工作。相比之下，RAID 0 和 RAID 1 的另一种嵌套方式是 RAID 0+1(即先组建两个 RAID 0 分条集，再组建一个 RAID 1 镜像集)，如果出现一个磁盘故障，则与其处于同一个 RAID 0 分组的磁盘也无法继续工作，导致整个存储系统可靠性下降。

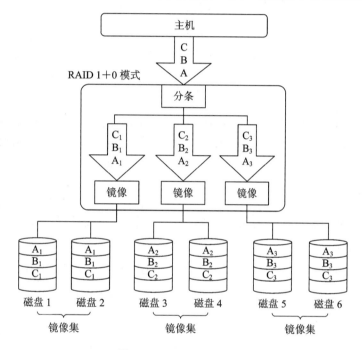

图 8-8　RAID 1+0 示意图

RAID 1+0 的优点是将硬盘分组成多个 RAID 1，将这些 RAID 1 组合起来可以获得更高的性能和数据冗余。其缺点是需要 4 块硬盘才能实现，硬件成本较高。RAID 1+0 适用于对性能和数据安全性要求都很高的场景，如虚拟化环境、关键业务应用等。

4．RAID 3

RAID 3 是先将数据通过位交织技术编码分割后，再并行写入阵列中的(n–1)个磁盘中，并将数据的校验和写入专用的奇偶校验磁盘，如图 8-9 所示。因为 RAID 3 阵列中数据被分散在各个磁盘，并且计算校验和也需要一定计算开销，因此在读写性能上会造成一些损失。但是由于引入了奇偶校验，使 RAID 3 阵列在一个磁盘发生故障时可以完整地重建数据，因此具有较好的可靠性。

RAID 3 的优点是通过使用奇偶校验位来实现数据冗余，提供了较高的数据可靠性和容错能力，并且数据读取性能相对较高，这是因为每个数据块都有其对应的奇偶校验位，可

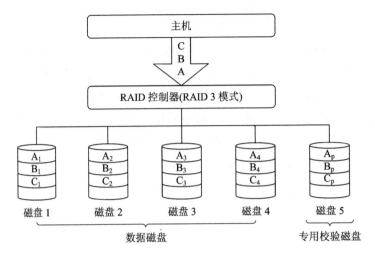

图 8-9   RAID 3 示意图

以快速检查数据是否完整。其缺点是 RAID 3 中的奇偶校验盘是所有数据块的共享资源，如果奇偶校验盘出现故障，则整个 RAID 3 会失效。RAID 3 适用于大量顺序读取的应用场景，如音频流媒体等。

5. RAID 5

RAID 5 是在将数据进行分条的基础上，为其计算一个奇偶校验和，并将校验和分布式地写入磁盘阵列，如图 8-10 所示。与 RAID 0 相比，RAID 5 通过奇偶校验提供对数据的保护，允许在 1 个磁盘出现故障时重建数据；与 RAID 1 相比，RAID 5 虽然对数据的保护程度较低，但是具有更高的存储容量利用率。在性能上，对 RAID 5 的每次写入或更新，都表现为 4 次 I/O 操作。

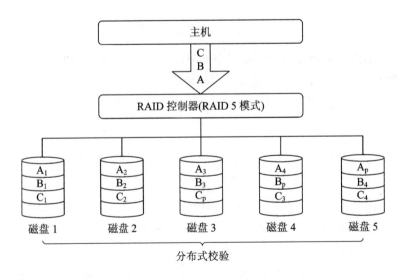

图 8-10   RAID 5 示意图

　　RAID 5 的优点是使用分布式奇偶校验模式实现了数据冗余，并且消除了 RAID 3 奇偶校验盘带来的单点故障。其缺点是当一块硬盘发生故障时，RAID 5 重建数据和奇偶校验位恢复时间较长，如果在重建期间发生其他硬盘故障，那么数据的完整性将无法恢复。RAID 5 适用于中小型企业的文件服务器、Web 服务器等。

6．RAID 6

　　RAID 6 是在 RAID 5 的基础上再增加一个奇偶校验，采用两个不同的公式分别计算两个奇偶校验和，并分布式地写入磁盘阵列，如图 8-11 所示。这种方式大幅提高了存储系统的可靠性，在任意两个磁盘同时出现故障时仍能重建数据。与此同时 RAID 6 需要为奇偶校验分配更多的存储容量并消耗更多的计算资源，在进行每个数据写入或更新操作时要进行 6 次 I/O 写入操作，性能损失比 RAID 5 更大。

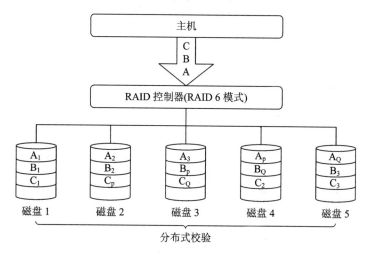

图 8-11　RAID 6 示意图

　　RAID 6 的优点是提供了更高的数据容错能力，可以容忍两块硬盘出现故障。其缺点是 RAID 6 使用了两个奇偶校验，增加了可靠性的同时降低了读写性能和磁盘空间利用率，并且导致了重建数据和奇偶检验位恢复时间较 RAID 5 更长。RAID 6 适用于对数据完整性和可靠性要求非常高的场景，如大型数据中心、企业级存储系统等。

8.3.3　常用 RAID 等级比较

　　表 8-2 所示为常用 RAID 等级比较。从表 8-2 可以看出：RAID 0 具有更好的读写性能，但是对数据的保护能力最差；RAID 1 提供了最高的数据保护能力，但是其存储容量利用率最低；RAID 5 在性能和数据保护上进行了折中；RAID 6 提供了比 RAID 5 更好的数据保护能力。在工程实践中，需要根据上层应用程序的数据访问特点合理选择 RAID 等级。

表 8-2   常用 RAID 等级比较

RAID 等级	最少需要磁盘数量	可用容量	读取性能	写入性能	可靠性
RAID 0	2	100%	优于单硬盘	优于单硬盘	无备份容错能力
RAID 1	2	50%	优于单硬盘	低于单硬盘 每次写入都要提交到所有硬盘	镜像保护，最多允许 $n/2$ 个硬盘故障
RAID1+0	4	50%	很好	良好	镜像保护，最多允许 $n/4$ 个硬盘故障
RAID 3	3	$(n-1)/n$	随机：一般 顺序：良好	小型随机：差到一般 大型随机：一般 写性能损失较高	奇偶校验保护，允许单硬盘故障
RAID 5	3	$(n-1)/n$	良好	一般 写性能损失较高	奇偶校验保护，允许单硬盘故障
RAID 6	4	$(n-2)/n$	良好	一般 写性能损失较高	奇偶校验保护，允许单硬盘故障

8.4   数据库存储技术

数据库存储技术是数据存储的主流技术，给各类型数据提供了存储与管理环境。数据库是按概念结构组织的数据集合，其概念结构描述了这些数据的特征及对应实体间的联系。数据库的特点是数据间联系密切、冗余度小、独立性较高、扩展容易，并且可为各类用户共享。数据库分类方法多种多样，一般按照存储对象将其分为关系数据库(也称为关系型数据库)与 NoSQL 数据库等。

8.4.1   关系数据库

关系数据库是一种基于关系模型的数据库管理系统。关系模型使用表格(也称为关系)来组织和存储数据。每个表格由多个行(记录)和列(字段)组成，每个字段存储特定类型数据。关系模型能够完美地把实体以及实体与实体之间的联系抽象为关系来表示。因此，关系模型只包含单一的数据结构即关系，关系数据结构在逻辑上对应一个二维表。

1. 关系数据库的基础

关系数据库强调 ACID 特性，即原子性(Atomicity)、一致性(Consistency)、隔离性

(Isolation)、持久性(Durability)，代表的含义如下：

(1) 原子性。

原子性意味着以数据库中的事务执行作为原子，不可再分。整个语句要么执行，要么不执行，不会有中间状态。

(2) 一致性。

事务在开始和结束时，应该始终满足一致性约束。

(3) 隔离性。

如果有多个事务同时执行，彼此之间不需要知晓对方的存在，而且执行时事务间互不影响。数据库允许多个并发事务同时对数据进行读写和修改。隔离性可以防止多个事务在并发执行时，由于交叉执行而导致数据不一致的情况发生。

(4) 持久性。

事务的持久性是指事务运行成功以后，对系统状态的更新是持久的，不会无故撤销。事务一旦提交，即使出现了任何事故(比如断电等)，也会持久化保存在数据库中。

2．关系数据库的优势

关系数据库的优势主要有以下几点：

(1) 数据一致性。

由于关系数据库强调 ACID 特性，因此它可以维护数据之间的一致性。

(2) 操作方便。

通用的 SQL 语言使关系数据库的操作变得非常方便，并可支持 JOIN 等复杂查询。

(3) 易于理解。

二维表结构是非常贴近逻辑世界的一个概念。采用二维表结构的关系模型相对于网状层次等模型更容易理解。

(4) 服务稳定。

最常用的关系数据库产品如 Oracle、MySQL 等性能卓越，服务稳定，很少出现宕机异常。

3．关系数据库的不足

关系数据库是一个通用型数据库，并不能完全适应所有用途，具体有以下几点不足：

(1) 高并发下 I/O 压力大。

对关系数据库来说，硬盘的 I/O 是一个很大的瓶颈。当用户访问并发量很高时，由于关系数据库中数据按行存储，即使只针对其中某一列进行运算，也需将整行数据从存储设备读入内存中，导致硬盘 I/O 消耗较高。

(2) 表结构扩展不方便。

由于关系数据库中存储的是结构化数据，表结构较为固定，如需修改表结构，需要执行数据库模式定义语言(Data Definition Language，DDL)语句并锁表，从而导致部分服务不可用。

(3) 为维护索引付出的代价大。

关系数据库在读写数据时需要考虑主外键和索引等因素，因此随着数据量剧增，关系数据库读写能力将大幅降低。

(4) 难以横向扩展。

当数据量不断增加时，数据库也需要相应扩展。关系数据库无法简单地通过添加更多硬件和服务节点来扩展其性能和负载能力，往往需要停机维护和进行数据迁移。

综上所述，关系数据库最明显的不足在于其高并发情况下的能力瓶颈，尤其是数据写入/更新频繁时会出现数据库 CPU 使用率高、SQL 执行慢、客户端连接数据库时连接池不够等情况。

4．主流关系数据库

主流关系数据库有 Oracle、MySQL、Microsoft SQL Server 等。然而这三个数据库在产品功能趋同的情况下，也在进行差异化发展。下面做简单介绍。

(1) Oracle 数据库。

Oracle 数据库是一种功能强大且广泛使用的商业关系型数据库管理系统，由 Oracle 公司开发。它适用于大型企业级应用程序，具有高度的可靠性、安全性和扩展性。Oracle 数据库支持广泛的平台和编程语言，并提供了丰富的管理工具和应用程序接口；支持复杂的数据类型、大规模数据处理和高并发性能，并提供了高级的分布式数据库管理功能。Oracle 数据库在传统金融、电信行业中使用较为广泛。

(2) MySQL 数据库。

MySQL 数据库是一种开源的关系型数据库管理系统，由瑞典 MySQL AB 公司开发，并在 2008 年被甲骨文公司收购。它具有良好的性能、高可靠性和可扩展性，并支持多种编程语言和操作系统。MySQL 数据库是 Web 应用程序的首选数据库之一，广泛用于各种规模的企业应用程序。它支持标准的 SQL 查询语言和事务处理，并提供了丰富的存储引擎和插件生态系统，如 InnoDB、MyISAM 等。MySQL 数据库在互联网行业使用较为广泛，如 Facebook、Google、百度、阿里和网易等互联网公司。

(3) Microsoft SQL Server 数据库。

Microsoft SQL Server 数据库是由微软公司提供的关系型数据库管理系统，适用于 Windows 平台，并提供了广泛的功能和工具，可用于企业级应用程序的开发和管理。Microsoft SQL Server 数据库支持广泛的编程语言和开发工具，并提供了强大的数据分析和报表功能。另外它还支持复杂的数据类型、事务处理和高并发性能，并提供了丰富的存储引擎和插件生态系统。在传统企业应用(ERP、SCM、CRM)、商业智能、教育机构等行业中使用较为广泛。

表 8-3 所示为主流关系数据库对比表。

表 8-3 主流关系数据库对比表

对比项目	Oracle 数据库	MySQL 数据库	SQL Server 数据库
数据类型	支持广泛数据类型	支持常见数据类型	支持广泛数据类型
事务处理	支持	支持	支持
分布式数据库	支持	有限支持	支持
并发控制	多版本并发控制	行级锁定	行级锁定
存储引擎	多种存储引擎	InnoDB，MyISAM 等	主要 MSSQL 存储引擎
安全性	角色和权限控制	用户权限控制	用户和角色权限控制
扩展性	支持	有限支持	支持
数据复制	数据复制和数据集群	主从复制、集群复制	主从复制、镜像复制
数据分析	支持	有限支持	支持
全文搜索	支持	有限支持	支持

8.4.2 NoSQL 数据库

NoSQL 数据库是一种不同于关系数据库的数据库管理系统，是非关系数据库的一种统称，所采用的数据模型并非传统关系数据库的关系模型，而是类似键/值、列族文档等非关系模型。NoSQL 是"Not Only SQL"的缩写，意思是"不仅仅有 SQL"，而不是字面意思理解的"不要 SQL"。NoSQL 强调了键/值存储和文档型数据库等非关系数据库的优点，而不是单纯地反对关系数据库。

NoSQL 数据库没有固定的表结构，通常也不存在连接操作，也没有严格遵守 ACID 约束，因此，与关系数据库相比，NoSQL 具有灵活的水平(横向)可扩展性，可以支持海量数据存储。此外，NoSQL 数据库支持 MapReduce 风格的编程，可以较好地应用于大数据时代的各种数据管理。NoSQL 数据库的出现，一方面弥补了关系数据库在当前商业应用中存在的各种缺陷，另一方面也撼动了关系数据库的传统垄断地位。

1. NoSQL 数据库的基础理论

NoSQL 数据库的基础理论有 CAP 理论、BASE 理论和最终一致性理论。

CAP 理论是分布式系统设计中的一个重要理论，它指出在分布式系统中，一致性、可用性和分区容错性三个属性只有两个属性能同时被满足，任何时候都无法同时满足三个属性。

C(Consistency)——一致性。当多个节点从分布式系统中读取数据时，能够获得相同的数据副本。在任何时刻，系统中的所有节点都应该看到相同版本的数据。在一致性强的系统中，如果某个节点写入了新数据，则其他节点必须立即可以看到这个新数据，否则系统就会出现数据不一致的情况。

A(Availability)——可用性。分布式系统只要有足够多节点就可以运行，并能够响应客户端请求，就可以保证系统的可用性。在一个高可用系统中，用户可以随时访问系统并获取最新数据。

P(Partition tolerance)——分区容错性。当网络中断或者某个节点失效时，系统仍然能够正常运行。在一个分区容错系统中，如果某个节点或者网络发生故障，则其他节点仍然可以继续工作，而不会影响整个系统的运行。

因此，开发人员在设计分布式系统时，应根据实际需求进行权衡和选择，以满足系统的可靠性和性能要求。需要注意的是，CAP 理论并不是绝对的，而是基于分布式系统的实际情况进行推断的。在实际应用中，开发人员可以通过改进算法或增加节点等方式提高系统的一致性、可用性和分区容错性。

根据 CAP 理论，分布式系统只能兼顾满足其两个属性需求，即设计分布式系统时必须满足 CA 原则或 CP 原则或 AP 原则。

CA 原则：满足一致性、可用性而放弃分区容错性的系统为单点集群，即将所有内容都放到同一台机器上，可扩展性较差。传统的关系数据库(如 Oracle、MySQL 等)采用了这种设计原则。

CP 原则：满足一致性、分区容错性而放弃可用性的系统，当网络出现分区故障时受影响的服务需要等待数据一致后才能继续执行，因此在等待期间系统无法对外提供服务。部分 NoSQL 数据库(如 HBase、MongoDB 等)采用了这种设计原则。

AP 原则：满足可用性、分区容错性而放弃一致性的系统允许返回不一样的数据。部分 NoSOL 数据库(如 CouchDB、DynamoDB 等)采用这种设计原则。

在实践中，可根据实际情况进行 CAP 不同特性的权衡，或在软件层面提供配置方式，由用户决定如何选择 CAP 策略。

2. NoSQL 数据库的优点

NoSQL 数据库的优点主要有以下几点：

(1) 可扩展性。

NoSQL 数据库的分布式架构使其易于横向扩展，可通过添加更多的节点来增加系统的处理能力。

(2) 高性能。

NoSQL 数据库在处理大量数据时具有出色的性能表现，这是因为不需要进行关系数据库的复杂 JOIN 操作。

(3) 灵活性。

与传统的关系数据库不同，NoSQL 数据库不需要事先定义模式。这使得存储和查询非结构化数据变得更加灵活。

(4) 高可用性。

NoSQL 数据库通常采用分布式架构，并且具有自动故障转移和恢复机制，因此可以在集群中保持高可用性。

(5) 低成本。

由于 NoSQL 数据库使用开源技术，并且不需要购买高价的商业软件许可证，因此部署和维护成本相对较低。

3．NoSQL 数据库的不足

NoSQL 数据库的不足主要有以下几点：

(1) 缺乏事务支持。

大部分 NoSQL 数据库在设计时为了追求高性能和可扩展性，牺牲了对事务的支持。这意味着在某些应用场景下，无法保证数据一致性和完整性。

(2) 难以处理复杂查询。

由于 NoSQL 数据库没有预定义模式，因此在执行复杂的查询时可能很困难，甚至无法实现。

(3) 缺乏标准化。

NoSQL 数据库通常都有自己的 API 和查询语言，这使得开发人员需要学习和适应不同技术栈。

(4) 数据一致性问题。

在分布式系统中，数据一致性是一个重要的问题。NoSQL 数据库通常采用最终一致性模型，这意味着在数据写入后，不同节点的数据会有一定时间的差异。

(5) 较少的工具和支持。

与传统关系数据库相比，NoSQL 数据库的生态系统相对较小，因此需要进行更多的自主开发和维护工作。

4．主流 NoSQL 数据库

主流 NoSQL 数据库通常包括键值数据库、列族数据库、文档数据库和图形数据库，如图 8-12 所示。

(1) 键值数据库。

键值数据库(Key-Value Database)以键值对的形式存储数据，通常使用哈希表或类似的数据结构来实现快速的数据访问。其每个键都是唯一的，而与之关联的值可以是任意类型的数据，如字符串、数字、列表等。在存在大量写操作的情况下，键值数据库可以比关系数据库明显取得更好的性能。键值数据库天生具有良好的伸缩性，理论上几乎可以实现数据量的无限扩容。键值数据库可以进一步划分为内存键值数据库和持久化键值数据库。其中内存键值数据库把数据保存在内存中，如 Memcached 和 Redis，而持久化键值数据库则把数据保存在磁盘中，如 BerkeleyDB、Voldmort 和 Riak。键值数据库的特性如表 8-4 所示。

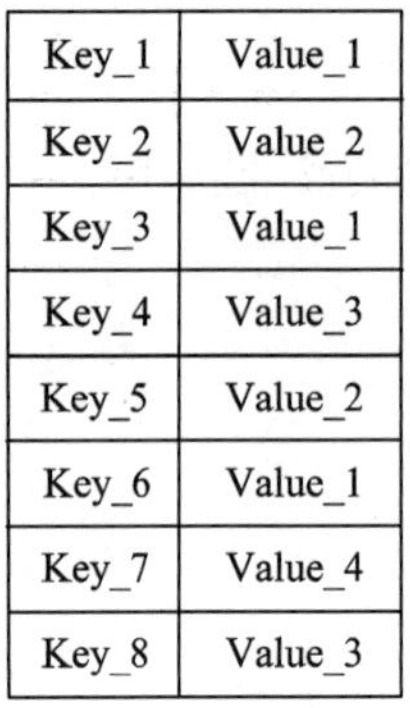

Key_1	Value_1
Key_2	Value_2
Key_3	Value_1
Key_4	Value_3
Key_5	Value_2
Key_6	Value_1
Key_7	Value_4
Key_8	Value_3

(a) 键值数据库

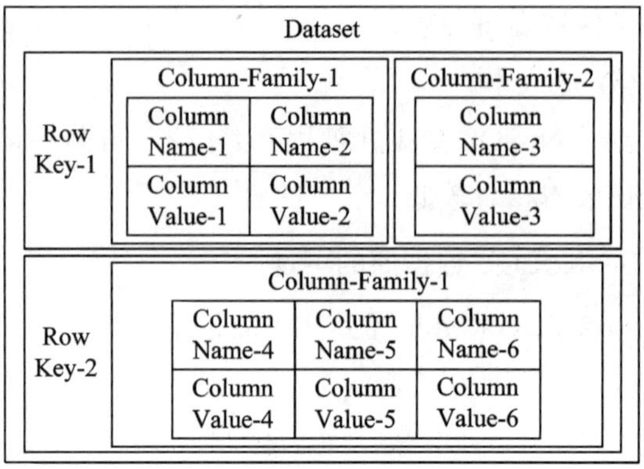

(b) 列族数据库

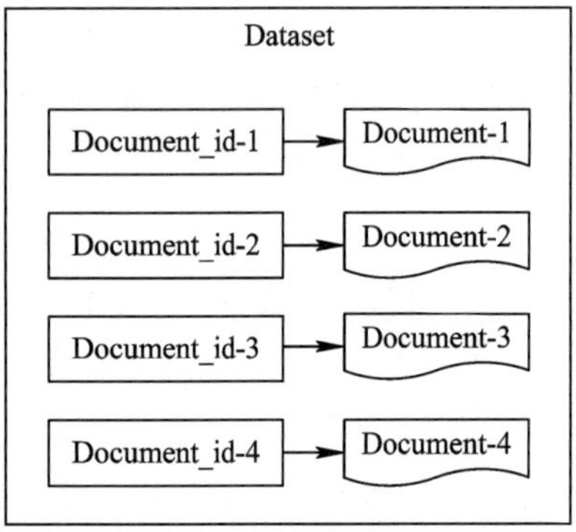

(c) 文档数据库

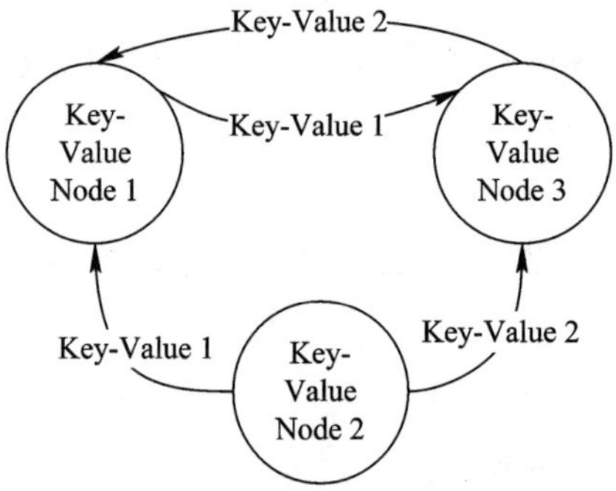

(d) 图形数据库

图 8-12　不同类型 NoSQL 数据库

表 8-4　键值数据库特性

项目	描　　述
相关产品	Redis、Riak、SimpleDB、Chordless、Scalaris、Memcached
数据模型	键/值对
典型应用	内容缓存，如会话、配置文件、参数、购物车等
优点	扩展性好、灵活性好、大量写操作时性能高
缺点	无法存储结构化信息、条件查询效率较低
使用者	百度云(Redis)、GitHub(Riak)、BestBuy(Riak)、Twitter(Redis 与 Memcached)、StackOverFlow(Redis)、Instagram(Redis)、Youtube(Memcached)、Wikipedia(Memcached)

(2) 列族数据库。

列族数据库一般采用列族数据模型，数据库由多个行构成，每行数据包含多个列，不同的行可以具有不同数量的列，属于同一列的数据会被存放在一起。每行数据通过行进行定位，与这个行对应的是一个列，从这个角度来说，列族数据库也可以被视为一个键值数据库。列可以被配置成支持不同类型的访问模式，一个列也可以被设置成放入内存当中，以消耗内存为代价来换取更好的响应性能。列族数据库特性如表 8-5 所示。

表 8-5　列族数据库特性

项目	描　　述
相关产品	Redis、Riak、SimpleDB、Chordless、Scalaris、Memcached
数据模型	键/值对
典型应用	内容缓存，如会话、配置文件、参数、购物车等
优点	扩展性好、灵活性好、大量写操作时性能高
缺点	无法存储结构化信息、条件查询效率较低
使用者	百度云(Redis)、GitHub(Riak)、BestBuy(Riak)、Twitter(Redis 与 Memcached)、StackOverFlow(Redis)、Instagram(Redis)、Youtube(Memcached)、Wikipedia(Memcached)

(3) 文档数据库。

在文档数据库中，以文档为基本单位组织数据。文档是一个键值对的集合，其中每个键都是唯一的标识符，且对应一个值。这些键值对可以嵌套和组合，形成复杂的文档结构。文档数据库支持多种格式的文档，如 XML、YAML、JSON 和 BSON 等。文档数据库没有固定的模式，可以根据需要动态添加或删除字段，而无需进行表结构的更改，并且可以使用文本搜索引擎来实现高效的全文检索功能，轻松地处理大量的文本数据。文档数据库在许多应用场景中得到了广泛的应用，适用于处理半结构化和非结构化的文本数据，如日志、博客文章、产品目录、用户配置文件等。文档数据库还广泛用于 Web 应用程序的后端存储，如电子商务网站、社交网络、在线新闻和博客网站等。目前市面上有多种文档数据库可供选择，例如 MongoDB、CoucHBase 等。文档数据库的特性如表 8-6 所示。

表 8-6　文档数据库的特性

项目	描　　述
相关产品	CouchDB、MongoDB、Terrastore、ThruDB、RavenDB、SisoDB、RaptorDB、CloudKit、Perservere、Jackrabbit
数据模型	版本化的文档
典型应用	存储、索引并管理面向文档的数据或者类似的半结构化数据
优点	性能好、灵活性高、复杂性低、数据结构灵活
缺点	缺乏统一的查询语法
使用者	百度云数据库(MongoDB)、SAP(MongoDB)、Codecademy(MongoDB)、Foursquare(MongoDB)、NBC News(RavenDB)

(4) 图形数据库。

图形数据库以图论为基础，一个图是一个数学概念。图形数据库采用了图论的理论和算法，用来表示一个对象集合，包括节点以及连接节点的边，节点代表实体，边代表实体之间的关联。该数据库使用图作为数据模型来存储数据，完全不同于键值、列族和文档数据模型，可以高效地存储不同顶点之间的关系。另外图形数据库专门用于处理具有高度相互关联关系的数据，可以高效地处理实体之间的关系，比较适合于处理社交网络、模式识别、依赖分析、推荐系统以及路径寻找等问题。但是，图形数据库除了在处理图和关系这些应用领域具有很好性能以外，在其他领域，图形数据库性能则不如其他类型 NoSQL 数据库。图形数据库特性如表 8-7 所示。

表 8-7　图形数据库特性

项目	描　　述
相关产品	Neo4J、OrientDB、InfoGrid、Infinite Graph、GraphDB
数据模型	图结构
典型应用	应用于大量复杂、互连接、低结构化的图结构场合，如社交网络、推荐系统等
优点	灵活性高，支持复杂的图形算法，可用于构建复杂的关系图谱
缺点	复杂性高，只能支持一定的数据规模
使用者	Adobe(Neo4J)、Cisco(Neo4J)、T-Mobile(Neo4J)

8.4.3　关系数据库与 NoSQL 数据库的比较

关系数据库和 NoSQL 数据库二者各有优势，也都存在不同层面的缺陷，如表 8-8 所示。因此，在实际应用中，二者都可有各自的目标用户群体和市场空间，不存在一个完全取代另一个的问题。

对于关系数据库而言，在一些特定应用领域，其地位和作用仍然无法被取代，银行、超市等领域的业务系统仍然需要高度依赖于关系数据库来保证数据的一致性。并且面向复杂查询分析型应用，基于关系数据库的数据仓库产品仍然可以比 NoSQL 数据库获得更好的性能。

对于 NoSQL 数据库而言，Web 2.0 领域是其未来的主战场。Web 2.0 网站系统对于数据一致性要求不高，但是对数据量和并发读写要求较高，NoSQL 数据库可很好满足这些应用的需求。

在实际应用中，一些公司会采用混合方式构建数据库应用，比如，亚马逊公司就使用不同类型的数据库来支撑其电子商务应用。对于"购物篮"这种临时性数据，采用键值存储会更加高效，而当前产品和订单信息则适合存放在关系数据库中，大量历史订单信息则适合保存在类似于 MongoDB 文档数据库中。

表 8-8　关系数据库与 NoSQL 数据库的比较

比较标准	关系数据库	NoSQL	备　　注
数据库原理	完全支持	部分支持	关系数据库用关系代数理论作为基础；NoSQL 没有统一的理论基础
数据规模	大	超大	关系数据库很难实现横向扩展，同时纵向扩展空间有限，性能会随着数据规模增大而降低；NoSQL 可通过添加更多设备来支持更大规模的数据
数据库模式	固定	灵活	关系数据库需要定义数据库模式，严格遵守数据定义和相关约束条件；NoSQL 不存在数据库模式，可自由、灵活地定义并存储不同类型数据

续表

比较标准	关系数据库	NoSQL	备　　注
查询效率	快	可实现高效简单查询,复杂查询性能不佳	关系数据库借助索引机制可实现快速查询;NoSQL没有索引,在复杂查询方面的性能仍然不如关系数据库
一致性	强一致性	弱一致性	关系数据库严格遵守事务 ACID 模型,可保证事务强一致性;NoSQL 放松对事务 ACID 四性要求,而是遵守 BASE 模型,只能保证最终一致性
数据完整性	容易实现	很难实现	关系数据库可通过主外键实现实体完整性,通过约束或触发器来实现用户自定义完整性,而在 NoSQL 数据库却无法实现
扩展性	一般	好	关系数据库很难实现横向扩展,纵向扩展空间也比较有限;NoSQL 可通过添加廉价设备实现扩展
可用性	好	很好	关系数据库随着数据规模的增大,为了保证严格的一致性,只能提供相对较弱的可用性;NoSQL 任何时候都能提供较高的可用性
标准化	是	否	关系数据库已标准化(SQL);NoSQL 还没有行业标准,有多种查询语言,很难规范程序接口
技术支持	高	低	关系数据库具备大型厂商的技术支持;NoSQL 还不成熟,缺乏有力的技术支持
可维护性	复杂	复杂	关系数据库需要专门数据库管理员维护;NoSQL 数据库虽然没有关系数据库复杂,但也难以维护

8.5　分布式数据库技术

随着互联网技术的发展,数据呈现爆炸性增长,传统单机数据库在性能、可扩展性和容错性方面存在一些限制,已不能满足海量数据的存储、分析与管理需求。为了解决传统数据库限制,分布式数据库应运而生。分布式数据库将数据分散存储在多个节点上,每个节点都可以独立地处理查询请求。现在主流的分布式数据库主要包括数据库集群、分布式文件系统(HDFS)、分布式数据库(HBase)和云数据库等。

8.5.1　数据库集群

随着数据信息的爆炸式增长,传统关系数据库面临着性能、可用性等诸多方面挑战,例如数据库性能的弹性扩展、业务的连续性、实时同步的副本等。为应对这些挑战,一般采用数据库集群技术,即把许多数据库服务器集中在一起组成一个群,形成一个高可用、高性能、可伸缩的数据库解决方案。通过将数据库分布在不同的节点上,可提供更好的容错性和负载均衡能力。另外可充分利用每一台服务器资源并将客户端负载分发到不同服务器上，当应用程序负载增加时，只需要将新的服务器添加到集群即可。

数据库集群系统(DataBase Cluster System，DBCS)以集群技术与数据库系统相结合，是一组完整的、自治的计算处理单元(节点)，每个节点均有独自的 CPU、内存以及磁盘等硬件资源，运行独立的操作系统和自治的数据库系统，通过高速专用网络或商业通用网络互连，彼此协同计算，作为统一的数据库系统提供并行事务处理服务。常见的数据库集群技术架构分为基于串行数据的复制、基于共享存储的双机容错、基于数据库引擎的集群、基于实时数据同步等技术。

1．基于串行数据的复制技术

基于串行数据的复制技术(如图 8-13 所示)主要用于数据传送与数据备份，按照同步模式可区分为串行异步复制和串行同步复制。串行异步复制主要采用数据库事务日志传送技术或硬盘数据块传送技术来实现，主数据库完成事物处理后，生成事务处理日志，日志记录通过事物队列进入备份数据库进行处理，从而得到备份数据。串行同步复制主要采用专用高速网络和软件技术，将每个数据库的请求通过同步复制方式同步在主备两台数据库服务器上执行正确后，才将结果返回给数据库客户。

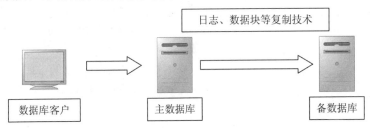

图 8-13　基于串行数据的复制技术

2．基于共享存储的双机容错技术

基于共享存储的双机容错技术采用两个服务器共享一个磁盘阵列，且这两个服务器共享一个虚拟的 IP 供数据库客户使用，形成一个单一的逻辑数据库镜像，如图 8-14 所示。采用这种技术的目的是，一旦主机系统出现问题，备份系统通过心跳检测机制的检测，完成从主机系统到备份系统的切换。基于共享存储的双机容错技术比较适合于无状态应用，或者状态信息较少的应用切换，以此达到应用级与高可用性的目的。

3．基于数据库引擎的集群技术

基于数据库引擎的集群技术主要是通过专用数据库引擎实现集群服务，在集群中每个服务器都可以接管其他服务器的工作负载，通过添加更多的服务器节点，提供数据备份和容错机制，以防止数据丢失或损坏，如图 8-15所示。常见的基于数据库引擎的集群技术包括 MySQL Cluster、PostgreSQL 的流复制和分区、MongoDB 的副本集和分片等技术。这些技术在不同的场景下都可提供高效的数据库服务，并且能够根据业务需求进行灵活调整和配置。

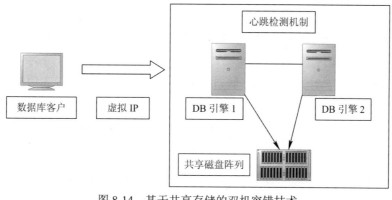

图 8-14　基于共享存储的双机容错技术

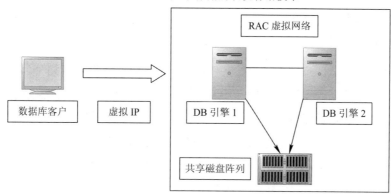

图 8-15　基于数据库引擎的集群技术

4．基于实时数据的同步技术

基于实时数据的同步技术主要是将多个数据库服务器连接在一起，通过实时同步数据来提高系统的可用性和容错能力，如图 8-16 所示。基于实时数据的同步技术将来自客户端的请求分成数据更新请求与数据查询请求。对于数据更新请求，当一个节点更新数据时，其他节点会立即同步更新，以确保集群内部各节点之间保持数据实时同步一致；对于数据查询请求，则可以在集群各节点之间负载均衡执行。

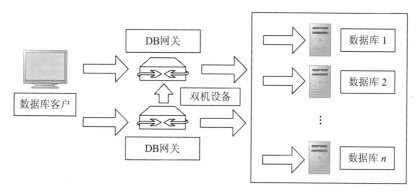

图 8-16　基于实时数据的同步技术

8.5.2 分布式文件系统

分布式文件系统(Distributed File System，DFS)是一种通过网络实现文件在多台主机上进行分布式存储的文件系统。分布式文件系统的设计一般采用"客户机/服务器"(Client/Server)模式，客户端以特定的通信协议通过网络与服务器建立连接，提出文件访问请求，客户端和服务器可以通过设置访问权来限制请求方对底层数据存储块的访问。分布式文件系统使用户无需关心数据是存储在哪个节点上，但可以如同使用本地文件系统一样管理和存储文件系统中的数据。

目前，已得到广泛应用的分布式文件系统主要包括 Google 文件系统(Google File System，GFS)和 Hadoop 分布式文件系统(Hadoop Distributed File System，HDFS)等，后者是针对前者的开源实现。下面对 HDFS 的系统架构与工作原理进行简要介绍。

1. 系统架构

一般如 Windows、Linux 等操作系统中文件系统一般将磁盘空间划分为 512 B 为一组，称为磁盘块，是文件系统读写操作的最小单位。文件系统的块通常是磁盘块的整数倍，即每次读写的数据量必须是磁盘块大小的整数倍。

与普通文件系统类似，分布式文件系统也采用了块的概念，即文件被分成若干个块进行存储。块是数据读写的基本单元，只不过分布式文件系统的块要比操作系统中的块要大很多，比如，HDFS 默认的一个块的大小是 64 MB。与普通文件不同的是，在分布式文件系统中，如果一个文件小于一个数据块大小，则他并不占用整个数据块存储空间。

分布式文件系统在物理结构上是由计算机集群中的多个节点构成的，如图 8-17 所示。这些节点分为两类，一类叫作主节点(MasterNode)，也被称为名称节点(NameNode)；另一类叫作从节点(SlaveNode)，也被称为数据节点(DataNode)。名称节点负责文件和目录的创建、删除和重命名等，同时管理着数据节点和文件块的映射关系，因此，客户端只有访问名称节点才能找到请求文件块所在的位置，进而到相应位置读取所需文件块。数据节点负责数据的存储和读取，在存储时，由名称节点分配存储位置，然后由客户端把数据直接写

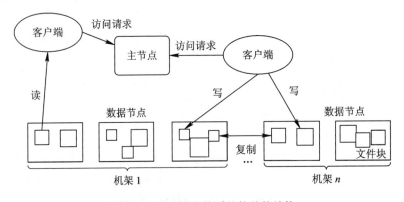

图 8-17   分布式文件系统的整体结构

入相应数据节点，在读取时，客户端从名称节点获得数据节点和文件块的映射关系，然后就可以到相应位置访问文件块。数据节点也要根据名称节点的命令创建、删除数据块和冗余复制。

计算机集群中的节点可能发生故障，为了保证数据的完整性，分布式文件系统通常采用多副本存储。即文件块会被复制为多个副本，存储在不同的节点上，而且存储同一文件块的不同副本的各个节点会分布在不同的机架上。这样，在单个节点出现故障时，就可以快速调用副本，重启单个节点上的计算过程，而不用重启整个计算过程，即使整个机架出现故障时也不会丢失所有文件块。文件块的大小和副本个数通常由用户指定。

在该系统架构设计思路下，HDFS 结合整体 Hadoop 框架的使用进行了具象化设计。如上文所述，其主要采用了主/从(Master/Slave)结构模型，一个 HDFS 集群包括一个名称节点和若干个数据节点，如图 8-18 所示。名称节点作为中心服务器，负责管理文件系统的命名空间及客户端对文件的访问。集群中的数据节点一般是一个节点运行一个数据节点进程，负责处理文件系统客户端的读写请求，在名称节点的统一调度下进行数据块的创建、删除和复制等操作。每个数据节点的数据实际上是保存在本地 Linux 文件系统中的。每个数据节点会周期性地向名称节点发送"心跳"信息，报告自己的状态，没有按时发送"心跳"信息的数据节点会被标记为"宕机"，不会再给它分配任何 I/O 请求。

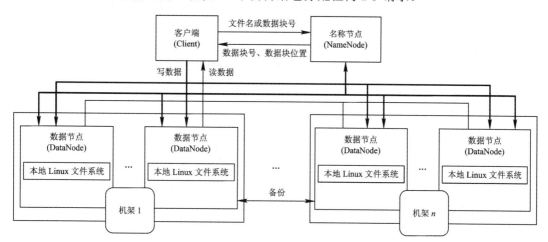

图 8-18　主/从(Master/Slave)结构模型

HDFS 集群中只有一个名称节点，该节点负责所有元数据的管理。当客户端需要访问一个文件时，首先把文件名发送给名称节点，名称节点根据文件名找到对应的数据块(一个文件可能包括多个数据块)，然后根据每个数据块信息找到实际存储各个数据块的数据节点的位置，并把数据节点位置发送给客户端，最后客户端直接访问这些数据节点获取数据。在整个访问过程中，名称节点并不参与数据的传输。这种设计方式简化了分布式文件系统的结构，保证数据不会脱离名称节点控制，用户数据也不会经过名称节点，并且数据能够在不同的数据节点上实现并发访问，减轻了中心服务器的负担，提高了数据的访问速度。

2. 工作原理

HDFS 作为分布式文件系统，为了保证海量数据的并发性、容错性、可用性，在冗余数据保存、数据存取策略与错误恢复等方面都做了适应性设计，具体内容如下。

（1）冗余数据保存。

HDFS 采用了多副本方式对数据进行冗余存储。通常一个数据块的多个副本会被分布到不同的数据节点上，如图 8-19 所示。多副本方式确保了数据备份副本分布在不同的节点和机架上，从而可以从其他节点和机架上的备份副本中恢复数据，并且可以让各个客户端分别从不同的数据块副本中读取数据，这种方式保证了数据的传输速度及可靠性。

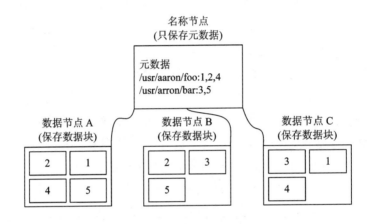

图 8-19　HDFS 数据块多副本存储

（2）数据存取策略。

数据存取策略包括数据存放、读取和复制等方面，是分布式文件系统的核心内容，会影响整个分布式文件系统的读写性能。

HDFS 采用了以机架为基础的数据存放策略。一个 HDFS 集群通常包含多个机架，不同机架之间的数据通信需要经过交换机。HDFS 默认的冗余复制因子是 3，每一个文件块会被同时保存到 3 个地方，其中，有两份副本放在同一个机架的不同机器上面，剩余一个副本放在不同机架的机器上面。该方案保证了当一个机架发生故障时，位于其他机架上的数据副本仍然是可用的，并且多个机架并行读取数据，提高了数据读取速度。

HDFS 提供了根据 API 地址"逐跳存取"的数据读取策略，允许客户端以流的形式逐渐读取数据块。根据 API 地址可确定读取文件的元数据信息，包括数据节点不同副本所属的机架 ID 及客户端所属的机架 ID，客户端与距离最近的数据块所在节点建立连接，HDFS 从数据块所在节点读取数据，并通过网络将数据流式传输给客户端，客户端逐块地读取数据，并进行相应的处理。HDFS 采用"逐跳存取"策略，实现了高效的数据传输和并行处理。

HDFS 采用了流水线模式的数据复制策略。当客户端要往 HDFS 中写入一个文件时，这个文件会首先被写入本地，并被切分成若干个块，每个块都向 HDFS 集群中的名称节点发起写请求，名称节点会根据系统中各个数据节点的使用情况，选择数据节点列表返回给客户端；客户端根据数据节点列表上的若干个数据节点位置依次发起连接请求，并将数据写入。因而，列表中的多个数据节点形成了一条数据复制的流水线。当文件写完的时候，数据复制也同时完成。

(3) 数据错误恢复。

HDFS 具有较高的容错性，设计了名称节点出错、数据节点出错、数据出错等机制检测数据错误和进行自动恢复。具体内容如下：

① 名称节点出错。名称节点保存了所有的元数据信息，包括文件系统的命名空间、文件和目录结构等信息。如果元数据损坏或丢失，则 HDFS 无法正确地访问和管理存储在其中的数据。为了解决这个问题，HDFS 使用了辅助名称节点(Secondary NameNode)来定期保存元数据的快照。当主名称节点发生故障或元数据损坏时，可以使用辅助名称节点中的快照来恢复元数据。

② 数据节点出错。每个数据节点会定期向名称节点发送"心跳"信息，向名称节点报告自己的状态。当数据节点发生故障，或者网络发生断网时，名称节点就无法收到来自一些数据节点的"心跳"信息，这些数据节点就会被标记为"宕机"，节点上面的所有数据都会被标记为"不可读"，名称节点不会再给它们发送任何 I/O 请求。一定规模的数据节点不可用时，会导致一些数据块的副本数量小于冗余因子。名称节点会定期检查这种情况，一旦发现某个数据块的副本数量小于冗余因子，就会启动数据冗余复制，为它生成新的副本。

③ 数据出错。客户端在读取到数据后，会采用 MD5 和 SHAl 对数据块进行校验，以确定读取到正确的数据。当文件被创建时，客户端就会对每一个文件块进行信息摘录，并把这些信息写入同一个路径的隐藏文件里面。当客户端读取文件的时候，会先读取该信息文件，然后利用该信息文件对每个读取的数据块进行校验，如果校验出错，客户端就会请求到另外一个数据节点读取该文件块，并且向名称节点报告这个文件块有错误，名称节点会定期检查并且重新复制这个块。

8.5.3　分布式数据库

随着 Web 2.0 应用的不断发展，传统关系数据库要面对大量的半结构化和非结构化数据，逐渐在数据并发性、可扩展性和可用性方面呈现出一系列弱点。同时，关系数据库完善的事务机制和高效的查询机制反而成了负担。为此，以 HBase 为典型代表的非关系数据库的出现弥补了传统关系数据库的缺陷，在当前互联网等大数据应用中得到了广泛使用。

HBase 是一个分布式的、面向列的开源数据库，是 Apache Hadoop 生态系统的一个构件，该技术来源于 Google 的论文《Bigtable: A Distributed Storage System for Structured Data》。

HBase 主要用来存储非结构化和半结构化的松散数据。HBase 的目标是处理非常庞大的表，可以通过水平扩展的方式，利用廉价计算机集群处理由超过 10 亿行数据和数百万列元素组成的数据表。

图 8-20 描述了 Hadoop 生态系统中 HBase 与其他部分的关系。HBase 利用 MapReduce 来处理 HBase 中的海量数据，实现高性能计算；利用 Zookeeper 作为协同服务，实现稳定服务和失败恢复；使用 HDFS(Hadoop Distributed File System)作为高可靠的底层存储。为了方便在 HBase 上进行数据处理，Sqoop 为 HBase 提供了关系数据库管理系统(Relational Database Management System，RDBMS)的数据导入功能，Pig 和 Hive 为 HBase 提供了高层语言支持。

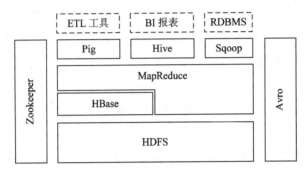

图 8-20　Hadoop 生态系统中 HBase 与其他部分的关系

1. 系统架构

HBase 的系统架构包括客户端、Zookeeper 服务器、Master 主服务器、Region 服务器等，如图 8-21 所示。HBase 一般采用 HDFS 作为底层数据存储，因此，在图 8-21 中加入了 HDFS 和 Hadoop。

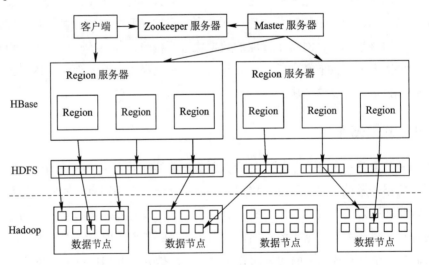

图 8-21　HBase 的系统架构

(1) 客户端。

客户端包含访问 HBase 的接口，同时在缓存中维护着已经访问过的 Region 位置信息，用来加快后续数据访问过程。HBase 客户端使用 HBase 的 RPC 机制与 Master 和 Region 服务器进行通信，其中，对于管理类操作，客户端与 Master 进行 RPC，而对于数据读写类操作，客户端则会与 Region 服务器进行 RPC。

(2) Zookeeper 服务器。

Zookeeper 服务器并非一台单一的机器，可能是由多台机器构成的集群来提供稳定可靠的协同服务。Zookeeper 服务器主要实现集群管理的功能，如果有多台服务器组成一个服务器集群，那么必须要一个"总管"知道当前集群中每台机器的服务状态，以便调整分配服务策略。在 HBase 服务器集群中，包含了一个 Master 服务器和多个 Region 服务器，Master 服务器就是这个 HBase 集群的"总管"，其通过 Zookeeper 服务感知多个 Region 服务器的状态。每个 Region 服务器都需要到 Zookeeper 服务器中进行注册，Zookeeper 服务器会实时监控每个 Region 服务器的状态并通知给 Master 服务器，这样，Master 服务器就可以通过 Zookeeper 服务器随时感知到各个 Region 服务器的工作状态。Zookeeper 服务器不仅能够维护当前的集群中机器的服务状态，而且能够选出一个"总管"来管理集群。HBase 中可以启动多个 Master 服务器，可以通过 Zookeeper 服务器选出一个 Master 服务器作为集群的"总管"，并保证在任何时刻总有唯一的 Master 服务器在运行，这就避免了 Master 服务器的"单点失效"问题。

Zookeeper 服务器中保存了-ROOT-表的地址和 Master 主服务器的地址，客户端可以通过访问 Zookeeper 获得-ROOT-表的地址，并最终通过三级寻址找到所需的数据。另外 Zookeeper 服务器中还存储了 HBase 的模式包括有哪些表，以及每个表有哪些列族。

(3) Master 主服务器。

Master 主服务器主要负责表和 Region 的管理工作，以及负责管理用户对表的创建、删除、重命名、列族的添加或删除等管理操作；实现不同 Region 服务器之间的负载均衡；在 Region 分裂或合并后，负责重新调整 Region 的分布；对发生故障失效的 Region 服务器上的 Region 进行迁移。

这里需要注意的是，客户端访问 HBase 上数据的过程并不需要 Master 主服务器的参与，客户端可以访问 Zookeeper 服务器获取-ROOT-表的地址，并最终到达相应的 Region 服务器进行数据读写，Master 主服务器仅维护数据表和 Region 的元数据信息，因此，负载很低。

(4) Region 服务器。

Region 服务器是 HBase 中最核心的模块，负责维护分配给自己的 Region，并响应用户的读写请求。HBase 一般采用 HDFS 作为底层存储文件系统，因此 Region 服务器需要向 HDFS 文件系统中读写数据。HBase 自身并不具备数据复制和维护数据副本的功能，而 HDFS 可以为 HBase 提供这些支持。

2．工作原理

（1）Region 的存储。

对于 HBase 表，表中包含的行的数量可能非常庞大，无法存储在一台机器上，需要分布存储到多台机器上。因此，HBase 表在行的方向上分割为多个 Region，包含了位于某个值域区间内的所有数据。Region 是按大小分割的，每个表开始只有一个 Region，随着数据的增多，Region 不断增大，当增大到一个阈值的时候，Region 就会等分为两个新的 Region，之后会有越来越多的 Region，如图 8-22 所示。

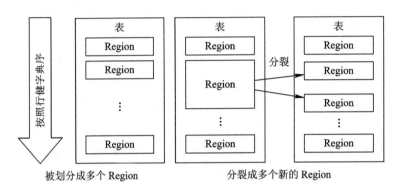

图 8-22　Region 的分割方式

Region 是 HBase 中分布式存储和负载均衡的最小单元。Region 由一个或者多个 Store 组成，每个 Store 保存一个列族(包含一个或者多个相关列)，每个 Store 又由一个 MemStore(存储在内存中)和 0 到多个 StoreFile(存储在 HDFS 上)组成，如图 8-23 所示。

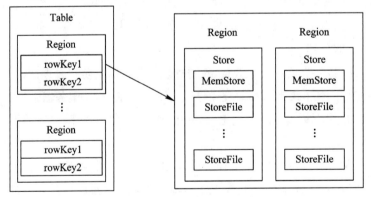

图 8-23　Region 的组成

不同的 Region 分布在不同的 Region 服务器上。每个 Region 的默认大小是 100～200 MB，Master 主服务器会把不同的 Region 分配到不同的 Region 服务器上，如图 8-24 所示。但是，同一个 Region 是不会被拆分到多个 Region 服务器上的。每个 Region 服务器负责管理一个 Region 集合，通常在每个 Region 服务器上，会放置 10～1000 个 Region。

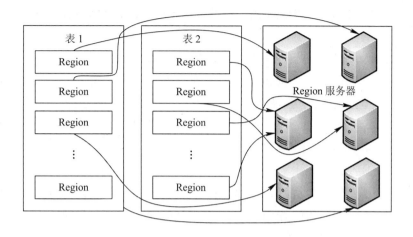

图 8-24　不同的 Region 可以分布在不同的 Region 服务器上

(2) Region 的定位。

由于一个 HBase 表包含了多个分配到不同服务器的 Region，因此需要设计 Region 定位机制，保证客户端的指向性访问。每个 Region 都有一个 RegionId 来标识它的唯一性，一个 Region 标识符就可以表示成"表名+开始主键+RegionId"。

通过构建"元数据表(.META.表)"可以定位每个 Region 所在的服务器位置。该表的每个条目(每行)包含两项内容，一个是 Region 标识符，另一个是 Region 服务器标识，这个条目就表示 Region 和 Region 服务器之间的对应关系。

当一个 HBase 表中的 Region 数量非常庞大时，.META. 表的条目就会非常多，一个服务器保存不下，需要分区存储到不同的服务器上。因此，通过构建"根数据表(-ROOT-表)"可以定位 Region 在元数据表的具体位置。-ROOT- 表是不能被分割的，只存在一个 Region 用于存放 -ROOT- 表，因此，这个用来存放 -ROOT- 表的唯一 Region 的名字是在程序中被写死的，Master 主服务器永远知道它的位置。

综上所述，HBase 使用三层结构来保存 Region 位置信息，如图 8-25 所示。表 8-9 给出 HBase 三层结构中每个层次的名称及其具体作用。

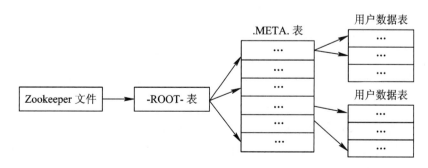

图 8-25　HBase 的三层结构

表 8-9　HBase 的三层结构中各层次的名称和作用

层次	名　称	作　用
第一层	Zookeeper 文件	记录了 -ROOT- 表的位置信息
第二层	-ROOT-表	记录了 .META. 表的 Region 位置信息，-ROOT- 表只能有一个 Region。通过 -ROOT- 表，就可以访问 .META. 表中的数据
第三层	.META.表	记录了用户数据包的 Region 位置信息，.META. 表可以有多个 Region，保存了 HBase 中所有用户数据表的 Region 位置信息

（3）Region 的访问。

客户端访问用户数据需要经历"三级寻址"过程，首先访问 Zookeeper 服务器，获取 -ROOT- 表位置信息，然后访问 -ROOT- 表，获得 .META. 表信息，接着访问 .META. 表，找到所需的 Region 具体位于哪个 Region 服务器，最后才会到该 Region 服务器读取用户数据。

该过程需要多次网络操作，为了加速寻址过程，一般会在客户端把查询过的位置信息缓存起来，这样以后访问相同的数据时，就可以直接从客户端缓存中获取 Region 的位置信息，而不需要每次都经历一个"三级寻址"过程。

随着 HBase 中表的不断更新，Region 的位置信息可能会发生变化。但是，客户端缓存并不会自己检测 Region 位置信息是否失效，而是在需要访问数据时，从缓存中获取 Region 位置信息却发现不存在的时候，才会判断出缓存失效，这时，就需要再次经历上述的"三级寻址"过程重新获取最新的 Region 位置信息去访问数据并用最新 Region 位置信息替换缓存中失效的信息。

8.5.4　云数据库

随着数据存储量的增加，如何方便、快捷、低成本地存储数据，是许多企业和机构面临的一个严峻挑战。传统数据库系统、数据库集群、分布式数据库等解决方案都存在难以持续扩展、硬件维护复杂、环境搭建技术要求高等问题。因而，云服务提供商通过云技术推出了更多可在公有云中托管数据库的方法，将用户从烦琐的数据库硬件定制中解放出来，同时让用户拥有强大的数据库扩展能力，满足海量数据的存储需求。

1. 云数据库的概念

云数据库是一种基于云计算技术的数据库服务，它将传统数据库系统迁移到云上，以提供高可用性、可伸缩性和弹性的数据存储解决方案。云数据库通常由云服务提供商管理和维护，用户无需关注底层硬件资源和数据库软件的安装与配置，只需通过互联网访问该服务，即可快速创建、扩展和管理数据库实例，如图 8-26 所示。

云数据库支持各种类型的数据库引擎和数据模型，如关系数据库、NoSQL 数据库等，满足不同场景下的数据存储需求。在云数据库应用中，客户端不需要了解云数据库的底层细节，所有的底层硬件和实现对客户端而言是透明的，使其就像在使用一个运行在本地的数据库一样，非常方便简单，同时又可以获得理论上近乎无限的数据存储和处理能力。通过使用云数据库，消除了人员、硬件、软件的重复配置，让软、硬件升级变得更加容易，同时，也虚拟化了许多后端功能。

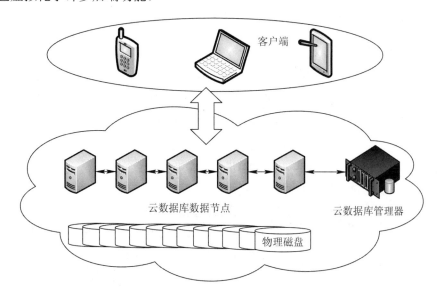

图 8-26　云数据库示意图

2．云数据库的特点

云数据库具备以下特点：

(1) 动态可扩展。云数据库支持根据业务需求自动扩展或收缩数据库资源，无需手动干预，从而提高系统的弹性和效率。

(2) 高可用性。云数据库通过多地域部署和数据冗余备份，确保数据持久性和系统可靠性，降低因故障而导致的业务中断风险。

(3) 安全性。云数据库提供多层次的数据安全保障，包括数据加密、访问控制、备份恢复等功能，确保用户数据的机密性和完整性。

(4) 灵活性。云数据库支持多种数据库引擎和数据模型，满足不同业务需求，同时提供灵活的付费模式和配置选项。

(5) 实时监控和管理。云数据库提供实时监控和管理工具，帮助用户监测数据库性能、优化查询效率，提升系统稳定性和可靠性。

(6) 快速部署。用户可以通过云服务商提供快速部署数据库实例，减少了传统数据库部署的时间和成本，加快应用上线速度。

(7) 节约成本。使用云数据库可以避免大量的硬件设备投入和维护成本，减少了数据库运维的工作量，降低了总体成本。

以腾讯云数据库为例，开发者可快速在腾讯云服务中申请 MySQL 实例，腾讯云可根据访问负载动态分配硬件资源，并且完全无需再安装 MySQL 实例，可以一键迁移原有 SQL

应用到云平台上。腾讯云数据库完全兼容 MySQL 协议，可通过基于 MySQL 协议的客户端或 API 便捷地访问实例。此外，腾讯云数据库还采用了大型分布式存储服务集群，支撑海量数据访问，7×24 小时的专业存储服务，可以提供高达 99.99%服务可用性的 MySQL 集群服务，并且数据可靠性超过 99.999%。

3．主流云数据库

现阶段云数据库产品百家争鸣，其供应商主要分为以下 3 类：

(1) 传统的数据库厂商，如 Teradata、Oracle、IBM DB2 和 Microsoft SQL Server 等。

(2) 涉足数据库市场的云供应商，如 Amazon、Google、Yahoo!、阿里、腾讯、华为、百度等。

(3) 新兴厂商，如 Vertica、LongJump 和 EnterpriseDB 等。

表 8-10 所示为主流云数据库产品表。

表 8-10　主流云数据库产品表

供应商	产　品
Amazon	Aurora、DynamoDB、SimpleDB、RDS
Google	Google Spanner、Google Cloud SQL
Microsoft	Microsoft SQL Azure
Oracle	Oracle Cloud
Yahoo!	PNUTS
Vertica	Analytic Database v3.0 for the Cloud
EnerpriseDB	Postgres Plusin the Cloud
阿里	阿里云 RDS
百度	百度云数据库
腾讯	腾讯云数据库

主流厂商的云数据库解决方案的共性有：一般都具备 MySQL、SQL Server、PostgreSQL、Oracle 等主流关系数据库及特定的 NoSQL 非关系数据库等数据库服务；提供基于 Web 服务的数据库管理操作界面；具备自动扩容、负载均衡、自动容灾、定时备份等扩展性服务；基于数据库服务本身特点，提供特定安全性功能扩充，如访问控制、数据加密等。其较为不同的地方是各厂商对于数据库与云服务结合上有一定的区分应用，主要是在自家的云服务集成上感知与开发较为简单，可以方便地构建复杂的应用和系统。综合来看，对于中国市场来说，阿里云、腾讯云和华为云在本地化支持和服务方面具有一定优势，但同时国际厂商如亚马逊 AWS、微软 Azure 和谷歌 Cloud 在中国市场也有一定的竞争力。

第 9 章　数据分析技术

9.1　数据分析概述

9.1.1　数据分析的基本概念

数据分析是通过特征提取、数据建模、分析挖掘、计算处理、可视化展示等，以发现数据的模式、关联和趋势，并从中提取有用信息和见解的过程。数据分析的目的是帮助企业与组织做出更明智的决策，发现机会，解决问题，并持续优化业务运营。在数据分析过程中，通常通过统计分析、机器学习、数据可视化等技术和方法，以深入理解数据并得出结论。

通过数据分析，可透过事物的表面现象深入认识事物的内在本质，由感性认识上升到理性认识，实现认识运动的质的飞跃。通过数据分析揭示事物的现状及其内在联系和发展规律，不仅有利于领导和有关部门客观全面地认识经济活动的历史、现状及其发展趋势，促进提高管理水平，而且有利于制订正确的决策和计划。数据分析可以应用于各个领域，如市场营销、财务、医疗保健、科学研究等，对于推动创新和提高效率具有重要意义。

9.1.2　数据分析的意义

随着计算机技术的发展，数据分析得到了广泛的应用。数据分析的目的是在看似没有规律的数据中寻找所隐藏的信息，提炼并总结出数据的内在运行规律。传统的数据调查统计报表资料通常只能反映事物某一方面的情况，即使掌握大量的调查统计报表资料，如不经过加工和分析研究，也难以让人看清事物的本来面貌。

在大数据时代，社会各行各业几乎所有业务领域都需要进行数据分析。互联网环境下的数据来源非常丰富，类型多样，存储下来的数据体量庞大且增长迅速。这对数据分析技术的时间性和空间性提出了较高要求，并强调数据处理方法的高效性和可用性。这些海量数据中蕴藏着大量可以用于增强用户体验、提高服务质量和开发新型应用的知识与模式，而能否准确高效地发现这些知识和模式并加以利用，决定了企业与组织的服务管理水平与核心竞争力。

9.1.3 数据分析的流程

数据分析的一般流程包括问题分析、特征建模、分析挖掘、计算处理、数据可视化与数据报告撰写，具体如下：

(1) 在开始数据分析之前明确数据分析的目的，确定要分析的问题是什么，即需要从数据中获得哪些有用的信息。

(2) 分析数据内容，进行数据特征建模，给出有利于数据分析的特征数据属性内容。

(3) 根据数据表达内容与问题分析需求，选择数据分析方法。

(4) 基于数据分析方法，确定数据内容特点与处理实时性等要求。

(5) 基于问题分析需求，设计数据计算处理模式，主要包括在线/离线、交互式方法等。

(6) 根据数据分析过程与结论，设计数据可视化内容，撰写相关数据分析报告。

9.2 数据特征建模

数据特征建模是数据分析的基础，是指利用相关领域知识从原始数据中提取用于后续机器学习及数据分析挖掘的特征(向量)的过程。整个过程涉及诸如特征表示、特征提取、特征选择等。

9.2.1 特征表示

所谓特征表示，就是将数据转化为有利于后续分析和处理的形式而进行的一种形式化表示和描述。特征表示的研究对象是文本、表格、音频、图像、视频等原始数据，其最终输出是可计算的特征向量，而此特征向量应该能如实、无歧义地表征原始数据在应用目标上的属性特征。对于给定的原始数据，在进行特征表示的相关研究和应用实践时，需要相关领域专家的知识和经验，这是因为基于专家经验提取的特征具有一定的物理意义。存放在计算机中的原始数据本身都已数字化，这意味着原始数据本身就是一种表示描述对象的特征向量。综上所述，特征表示的研究有利于数据后续分析和处理，而数据后续分析和处理都是有应用目标导向的，因此在特征表示中需要考虑后续的数据分析方法与计算处理模式的设计选择。

9.2.2　特征提取

特征提取也称为特征抽取，是指从原始特征 $X = (x_1, x_2, \cdots, x_N)$ 重构出一组新特征 $Y = (y_1, y_2, \cdots, y_N)$ 的过程，其数学描述为 $Y = f(X)$，其中 $f(X)$ 为重构函数。在实际应用中，特征提取一般与特征选择联合使用。

特征提取的过程"$X \rightarrow Y$"是一个降维转化(映射)的过程，这个过程是不可逆的。在机器学习应用中，之所以使用特征提取后的降维特征数据而不是利用原始数据，主要是因为在原始高维特征向量空间中包含冗余信息及噪音信息，这对于后续分析准确率不利，而通过降维有望减少冗余信息所造成的误差，重新梳理数据内容的结构特征，有效解决原始数据中稀疏性问题。

通过降维在减少预测变量数据个数的同时，可确保这些变量是相互独立的，并能够提供一个框架来解释结果。常见的特征提取方法有主成分分析(Principal Components Analysis，PCA)、线性判别分析(Latent Dirichlet Allocation，LDA)、独立分量分析(Independent Components Analysis，ICA)、粗糙集属性约简等方法。

9.2.3　特征选择

特征选择的任务是从一组数量为 D 的特征中选择出数量为 $d(D > d)$ 的一组最优特征。在数据分析的计算处理过程中，特征数据过大可能存在与应用目标不相关的特征或者特征之间存在相互依赖，容易导致诸如训练时间长、模型过于复杂、模型的泛化能力弱等问题。因此在进行数据分析挖掘之前有必要进行特征选择(或者属性选择)。

在实际应用中，特征提取和特征选择经常联合使用，两者都是从原始特征中找出最有效(同类样本的不变性、不同样本的鉴别性、对噪声的鲁棒性)的特征，从而达到降低维度、提取有效信息、压缩特征空间减少计算量、发现潜在变量等作用。不同之处在于，特征提取专注于用映射变换把原始特征变换为较少的新特征，而特征选择专注于从原始特征中挑选一些最有代表性或对后续分析(聚类或者分类等)更有贡献的特征。通常而言，特征提取和特征选择都与具体的问题有关，目前没有理论能够给出对任何问题都有效的特征提取与特征选择方法。

选择优化特征集合需要搜索策略设计与特征子集性能评价等两个步骤。搜索策略设计是指根据算法进行特征选择所用的搜索策略，通常采用全局最优搜索策略、随机搜索策略和启发式搜索策略等。特征子集性能评价是指根据确定特征的评价准则来评价所选择的特征子集的性能。一般的评价准则分为筛选器和封装器两大类。筛选器一般用作预处理，根据特征与目标变量之间的相关性进行选择，常用方法有卡方检验、互信息等；分类器主要是使用一个模型对特征进行评估，以确定哪些特征对于预测任务最为重要，常用方法有决策树、神经网络等。

9.3　数据分析方法

数据分析方法主要包括数据统计分析和数据挖掘分析等两类。数据统计分析和数据挖掘分析都是从数据中提取信息、发现模式和做出推断的方法。数据统计分析侧重于利用概率论和数理统计的方法对样本数据进行描述、推断与预测，以得出总体的特征。其主要目的是通过收集、整理和分析数据，对现象进行描述、推断和预测，以支持决策和解释现象背后的规律。数据挖掘分析侧重于计算机科学和机器学习的理论基础，强调通过算法和模型来发现数据中的模式、规律与知识。其主要目的是从大规模数据中发现隐藏的模式、规律和知识，通常用于预测、分类、聚类和关联规则挖掘等应用。

9.3.1　数据统计分析

数据统计分析是指对数据进行整理归类并进行解释的过程，一般针对小样本数据。常用的数据统计分析方法如下：

(1) 描述统计。描述统计是一种用于总结和描述数据特征的方法。它包括测量数据的集中趋势(如均值、中位数、众数)、离散程度(如标准差、方差、范围)以及数据分布的形状(如偏态、峰态)等。

(2) 探索性数据分析。探索性数据分析是一种通过可视化和统计工具来分析数据集的方法。它包括绘制直方图、箱线图、散点图等图表，以发现数据的潜在模式、异常值和相关关系。

(3) 推断统计。推断统计是一种从样本数据中作出关于总体推断的方法。它包括参数估计和假设检验。参数估计用于估计总体参数的值，例如使用样本均值来估计总体均值。假设检验用于检验关于总体参数的假设，例如检验两个总体均值是否相等。

(4) 相关分析。相关分析用于衡量两个变量之间的相关性。常用的方法包括皮尔逊相关系数和斯皮尔曼等级相关系数。通过它可以判断两个变量是否呈现正相关、负相关或无相关关系。

(5) 方差分析。方差分析用于比较两个或多个样本组之间的均值差异。它适用于当因变量是连续型变量而自变量是分类变量时的情况。通过方差分析可以确定不同组别之间是否存在显著差异。

9.3.2　数据挖掘分析

数据挖掘分析是指通过从大量数据中发现模式、关系和趋势，提取价值信息的过程，一般针对大样本数据。常用的数据挖掘分析方法如下：

(1) 回归。回归用于预测数值型目标变量的值。它通过构建一个回归模型，将自变量与因变量之间的关系建模。常见的回归算法包括线性回归、决策树回归和支持向量回归。

(2) 分类。分类是一种监督学习方法，用于预测离散类别标签。基于已知的训练数据集，构建一个分类器模型，然后将该模型应用于新的未知数据集。常见的分类算法包括决策树、朴素贝叶斯、逻辑回归和支持向量机。

(3) 聚类。聚类是一种无监督学习方法，用于将相似的对象分组到同一类别中。聚类算法通过计算数据点之间的相似性或距离，将数据划分为不同的簇。常见的聚类算法包括 K 均值聚类、层次聚类和基于密度聚类。

(4) 关联规则挖掘。关联规则挖掘用于发现数据集中的频繁项集和关联规则。频繁项集是指经常同时出现的项的集合，而关联规则是指项之间的条件约束。关联规则挖掘常用于市场篮子分析、推荐系统等场景。关联规划挖掘常见的算法包括 Apriori 和 FP-growth。

(5) 异常检测。异常检测用于识别与正常模式不符的异常数据点，通过它可以发现潜在的欺诈行为、故障检测等。常见的异常检测算法包括基于统计的方法、聚类方法和基于密度的方法。

(6) 人工智能。人工智能主要用于从大量、不完全、有噪声、模糊和随机的数据中抽取隐藏、未知、有潜在效用的信息与知识。人工智能方法通常可完成复合型的多种任务，如分类、聚类、回归、异常检测等。常见的人工智能算法包括机器学习和神经网络。

9.4 数据计算处理

9.4.1 数据计算处理模式

按照实时性要求，数据计算处理可分为实时数据分析与离线数据分析两种，其中实时数据分析主要应用于流处理技术，离线数据分析主要应用于批处理技术。

实时数据分析是指对数据进行即时处理和分析，以获得实时的洞察和决策支持的过程。这就要求对数据要采用"边产生边处理"的处理方式，即在数据流模型方式下，数据以高速到达，相关算法要在严格的时间和空间约束下进行处理。这要求算法首先要能够充分利用有限的资源(时间与内存)，其次要能应对数据的本质和分布不断变化的情境。实时数据分析的适用场景包括实时交易和监管、人群秩序实时监管、军事决策支持、大规模应急反应、智能电网等需要实时性领域。

离线数据分析是指在数据采集后延迟一段时间进行处理和分析的过程，通常用于历史数据的深入挖掘和复杂分析。数据以批量形式进行处理和分析，一般不要求实时性。通常处理大规模数据集时，需要分布式计算和存储。离线数据分析可以进行更复杂和深入的分析，挖掘隐藏在数据中的模式和趋势。离线数据分析适用场景包括市场趋势分析、用户行为分析、产品推荐系统等需要全面理解和挖掘大规模历史数据的领域。

在实际应用中，实时数据分析和离线数据分析通常是结合使用的，从而构建起完整的数据分析体系。实时数据分析可以提供及时的反馈和决策支持，而离线数据分析则可以进行更深入、全面的数据挖掘和分析，两者相互补充以实现更有效的数据驱动决策和业务优化。

实时数据分析与离线数据分析的区别见表 9-1。

表 9-1　实时数据分析与离线数据分析的区别

处理模式	处理技术	数据时效性	数据特征	应用场景	运行方式
实时数据分析	流处理	计算实时、低延迟	一般是动态的、没有边界的数据	应用在实时场景或时效性要求比较高的场景，如实时推荐、业务监控等	计算任务持续进行
离线数据分析	批处理	计算非实时、高延迟	一般是静态数据	应用在实时性要求不高、离线计算的场景，例如数据分析、离线报表等	计算任务一次性完成或分批次完成

9.4.2　流处理技术

1. 流处理技术原理

流处理是一种实时处理数据的方式，以连续的数据流作为处理对象，并实时对数据进行处理和分析。在流处理模型中，数据被分成小段的数据流，每个数据流都会经过一系列的处理步骤，最终得到结果，如图 9-1 所示。典型的流式数据包括点击日志、监控指标、搜索日志等数据。

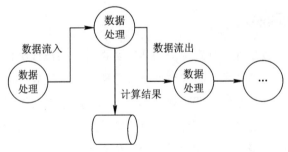

图 9-1　流处理模型

因此，流处理技术可很好地对大规模变化数据进行实时处理和分析，即是一种"边产生边处理"的数据处理方式。整个过程用时极短，往往是毫秒级或秒级处理延迟。流处理通常用于需要实时响应和即时分析的场景，如实时监控、实时推荐等。一般而言，流处理将计算结果进行存储，并提供实时查询服务，可供用户进行实时查询和展示。

目前常用的流式实时计算引擎分为面向行(row-based)和面向微批处理(micro-batch)两

类。其中，面向行的流式实时计算引擎的代表是 Storm，其典型特点是延迟低，但吞吐率也低；而面向微批处理的流式实时计算引擎的代表是 Spark Streaming，其典型特点是延迟高，但吞吐率也高。

2．Storm 系统

Storm 是 Twitter 开源的分布式实时大数据处理框架，已经在 Twitter、Groupon、Yahoo、淘宝、阿里巴巴、百度、支付宝等公司的产品级应用中使用，广泛用于实时分析、在线机器学习、持续计算、分布式远程调用和 ETL 等。Storm 可以方便地在一个计算机集群中编写与扩展复杂的实时计算，保证每个消息都会得到处理，并保持较高效率。在一个小集群中，Storm 每秒可以处理数以百万计的消息，而且可以使用任意编程语言来开发。

(1) Storm 的关键概念。

Storm Topology 数据流是 Storm 的关键概念，包括 Topology、Spout、Bolt、Task、Stream Grouping 等，如图 9-2 所示。

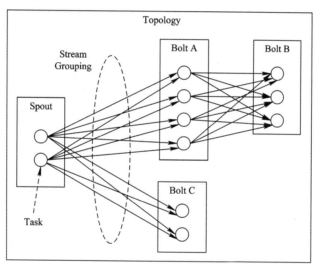

图 9-2　Storm Topology 数据流图

Topology(拓扑)：一个拓扑是一个图的计算。用户在一个拓扑的每个节点包含处理逻辑，节点之间的链接显示数据应该如何在节点之间传递。

Stream(流)：Storm 的核心抽象。一个流是一个无界 Tuple 序列，Tuple 可以包含整型、长整型、短整型、字节、字符、双精度数、浮点数、布尔值和字节数组。

Tuple(消息单元)：消息传递的基本单元。

Spout(源数据流)：Storm 的一个 Topology 的数据生产者。消息源会从一个外部源读取数据并且向 Topology 中发送 Tuple。Spout 是主动的，可以发送多条消息流 Stream，可分为可靠的和不可靠的两种模式。

Bolt(消息处理者)：Topology 中的所有处理都在 Bolt 中完成。Bolt 可以完成过滤、业务处理、连接运算、连接、访问数据库等业务。复杂的消息流处理需要很多步骤，从而需要经过很多 Bolt。

Task(任务)：每个 Spout 或 Bolt 在集群中需要执行许多任务。每个任务对应一个线程的执行，流分组定义如何从一个任务集到另一个任务集发送 Tuple。

Stream Grouping(流分组)：在 Bolt 的任务中定义流应该如何分组。Storm 有 7 个内置的流分组方法，具体为随机分组(Shuffle Grouping)、字段分组(Fields Grouping)、全部分组(All Grouping)、全局分组(Global Grouping)、无分组(None Grouping)、直接分组(Direct Grouping)、本地或者随机分组(Local or Shuffle Grouping)。

(2) Storm 的组件架构。

Storm 主要由 Nimbus、Zookeeper 和 Supervisor 三大组件组成。Storm 是主/从(Master/Slave)架构的，集群由一个主节点和多个工作节点组成。主节点运行 Nimbus 守护进程，每个工作节点都运行了一个 Supervisor 守护进程，用于监听工作，开始或终止工作进程。Storm 的组件架构如图 9-3 所示。

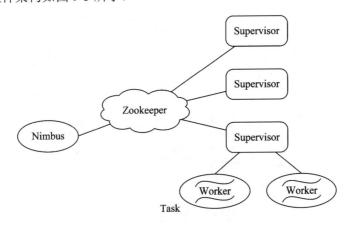

图 9-3　Storm 组件架构

Nimbus：发布、分发代码，分配任务，监控状态。

Supervisor：监听宿主节点，接受 Nimbus 分配的任务，根据需要启动/关闭工作进程 Worker。

Zookeeper：Storm 重点依赖的外部资源。Nimbus、Supervisor 和 Worker 都把"心跳"信息保存在 Zookeeper 上。Nimbus 也是根据 Zookeeper 上的"心跳"信息和任务运行状况进行调度和任务分配的。

Worker：运行具体处理组件逻辑的进程。

Task：Worker 中每一个 Spout/Bolt 的线程称为一个 Task。

9.4.3　批处理技术

1. 批处理技术原理

批处理是一种离线处理数据的方式，以一批数据集作为输入，并对整个数据集进行处理和分析。在批处理模型中，数据被分成多个批次，每个批次都会经过一系列的处理步骤，最终得到结果，如图 9-4 所示。批处理模型通常用于对大规模数据进行离线分析和处理的场景，如数据挖掘、报表生成等。

由于批处理处理的数据体量巨大，而通过单机模式去执行会耗费很长的处理时间，也不能充分发挥业务集群中每个应用节点的处理能力，因此通过一些常见的并行处理方案，可以有效地让业务集群中所有业务应用节点协同完成一个大批量数据处理任务，提升业务集群整体的处理效率和可靠性。

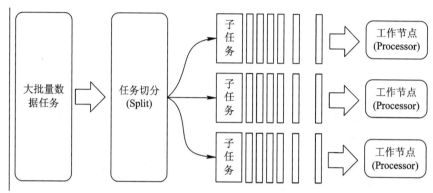

图 9-4 批处理原理示意图

2．MapReduce 系统

MapReduce 是面向大数据并行处理的计算模型、框架和平台。MapReduce 源于谷歌公司于 2003 年发表的文章 *MapReduce: Simplified Data Processing on Large Clusters*。在该文章里提出了一种面向大规模数据处理的并行计算模型和方法，其初衷主要是为了解决搜索引擎中大规模网页数据的并行化处理。MapReduce 的推出给大数据并行处理带来了巨大的革命性影响，使其成为大数据处理的工业标准，在 Google、Yahoo、Amazon、Facebook、阿里巴巴、百度等大型互联网公司被广泛使用，用于 Web 搜索、欺诈检测、机器学习等各种各样的实际应用中。

（1）MapReduce 技术。

MapReduce 是一个编程模型与软件框架，主要用来解决海量数据的并行计算。MapReduce 借助于函数式编程和“分而治之”的设计思想，提供了一种简便的并行程序设计方法，能自动完成计算任务的并行化处理，自动划分计算数据和计算任务，在集群节点上自动分配和执行任务以及收集计算结果，并将数据分布存储、数据通信、容错处理等并行计算细节交付给系统自动处理。

MapReduce 可以将复杂的、运行于大规模集群上的并行计算过程高度地抽象，分解成多个小的计算过程。MapReduce 计算通过两个函数实现，即 Map()函数和 Reduce()函数，同时其计算过程也分为 Map 阶段和 Reduce 阶段，如图 9-5 所示。

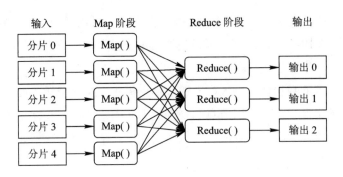

图 9-5   MapReduce 工作原理示意图

Map 阶段：在原始的、杂乱无章的、互不相关的数据中提取出数据的 key 和 value 特征。通过解析每个数据，进而分解成许多小的数据集，每个小数据集都可以独立并行地进行处理。

Reduce 阶段：将 Map 阶段输出的所有键值进行聚合操作，得到最终输出结果。

(2) MapReduce 架构。

MapReduce 采用主/从(Master/Slave)架构，主要包括客户端、作业管理器、任务管理器和任务等，如图 9-6 所示。

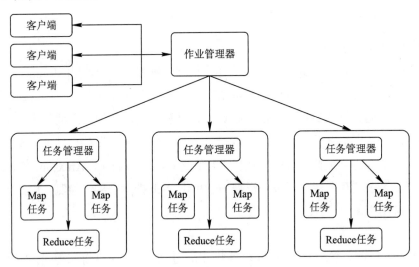

图 9-6   MapReduce 架构图

客户端(Client)：主要负责将用户编写的 MapReduce 程序提交到作业管理器中，同时用户也可以通过客户端提供的一些接口去实时查看作业的运行状态。

作业管理器(JobTracker)：主要负责资源监控和作业调度，另外还负责监控所有任务管理器与作业的健康状况，一旦发现问题，就将相应的任务转移到其他节点。同时，作业管理器会跟踪任务的执行进度、资源使用量等信息，并将这些信息告诉任务管理器，而任务管理器会在资源出现空闲时，选择合适的任务使用这些资源。

任务管理器(TaskTracker)：主要是周期性地通过"心跳"信息将本节点上的资源使用情况和任务的运行进度汇报给作业管理器，同时接收作业管理器发送过来的命令并执行相应的操作(如启动新任务、杀死任务等)。

任务(Task)：任务分为 Map 任务和 Reduce 任务两种，均由任务管理器启动。对于 HDFS而言，其存储数据的基本单位是数据块(Block)；而对于 MapReduce 而言，其处理数据的基本单位是分片(Split)。大多数情况下，理想的分片大小是一个数据块。需要注意的是，分片的多少决定了 Map 任务的数目，因为每个分片包含的数据只会交给一个 Map 任务处理。

9.4.4　Spark 生态系统

如上文所述，大数据处理主要包括以下两种场景：

(1) 复杂的批数据处理：时间跨度通常在数十分钟到数小时之间。

(2) 基于实时数据的流数据处理：时间跨度通常在数百毫秒到数秒之间。

目前，已有很多相对成熟的开源软件用于处理以上场景。比如：可以利用 MapReduce来进行批数据处理；对于流数据处理则可以采用开源流计算框架 Storm。一些企业可能只涉及其中部分应用场景，只需部署相应软件即可满足业务需求。但对于许多互联网公司而言，通常会同时存在以上多种场景，即需要部署不同的软件，于是就会带来不同场景之间输入/输出的数据需要进行格式转换、不同的软件需要不同的开发维护团队，以及难以对同一个集群中的各个系统进行统一的资源协调和分配等问题。

因此，为了满足多种计算模式，同时兼顾 SQL 即时查询等场景，需要形成一套 Spark生态系统。Spark 生态系统的设计理念为"一个软件栈满足不同应用场景"。形成一套完整的生态系统，能够提供内存计算框架，也可以支持 SQL 即时查询、实时流式计算、机器学习和图计算等。

1. Spark 生态系统的基本概念

Spark 生态系统中各种概念之间的关系如图 9-7 所示。在 Spark 中，一个应用由一个任务控制节点和若干个作业构成，一个作业由多个阶段构成，一个阶段由多个任务组成。Spark的基本概念介绍如下。

(1) 应用。

应用(Application)为用户编写的 Spark 应用程序或批处理作业的集合，可认为是多次批量计算组合起来的过程，在物理上表现为编写的程序包和部署配置。

(2) 弹性分布式数据集。

弹性分布式数据集(Resilient Distributed Dataset，RDD)为只读分区记录的集合 Spark 对所处理数据的基本抽象。Spark 中的计算可以简单抽象为对 RDD 的创建、转换和返回操作结果的过程。

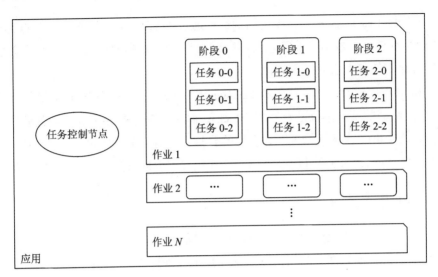

图 9-7   Spark 概念示意图

(3) 有向无环图。

有向无环图(Directed Acyclic Graph，DAG)用于表示 Spark 作业的执行计划，展现了作业中各个阶段(Stage)之间的依赖关系。

(4) 作业。

作业(Job)包含很多任务的并行计算，是 Spark RDD 中的行动操作，每个行动操作会生成一个作业。Spark 采用惰性机制，对 RDD 的创建和转换并不会立即执行，只有在遇到第一个行动操作时才会生成一个作业，然后统一调度执行。一个作业包含多个转换和一个行动。

(5) 阶段。

阶段(Stage)为作业的基本调度单位，也被称为任务集。用户提交的计算任务是一个由 RDD 构成的 DAG。

(6) 任务。

任务(Task)为具体执行任务。一个作业在每个阶段内都会按照 RDD 的分区数量创建多个任务。每个阶段内多个并发的任务执行逻辑完全相同，只是作用于不同的分区。

2. Spark 生态系统的组成

Spark 生态系统已经发展成为一个包含多个子项目的集合，可将其按照功能划分为不同的层级，即数据层、调度层、计算层和应用层，如图 9-8 所示。

Spark 生态系统的核心为计算层(Apache Spark Core)，提供了计算引擎、存储体系等功能。应用层中是 Spark 的子框架，面向不同应用需求，包括 Spark SQL、Spark Streaming、MLlib、GraphX；调度层是 Spark 生态系统支持的资源调度管理器，Spark 生态系统能够以 Standalone 独立调度器模式运行，也可以使用 YARN、Mesos 作为集群的资源调度管理器，具有良好的兼容性，能够与 Hadoop 生态系统完美结合；数据层支持读取 HDFS、Hive 等多达上百种的数据源。

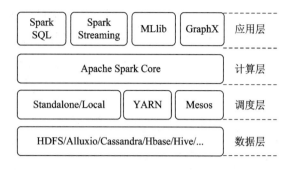

图 9-8 Spark 生态系统示意图

Apache Spark Core：该生态系统的基础，实现了 Spark 的基本功能，包含内存管理、故障恢复、计划安排、分配与监控作业和存储系统进行交互等。Apache Spark Core 中还包含了对弹性分布式数据集(Resilient Distributed Dataset，RDD)的 API 定义、操作以及这两者上的动作，且其他 Spark 的数据集都是构建在 RDD 和 Spark Core 之上。用户通过为 Java、Scala、Python 和 R 语言而构建的 API 接口使用 Spark Core，这些 API 会将复杂的分布式处理隐藏在简单的高级操作符背后。

Spark SQL：提供低延迟交互式查询的分布式查询引擎，其速度远高于 MapReduce。其能够生成代码并用于快速查询，还可以扩展到数千个节点。业务分析师可以使用标准的 SQL 或 Hive 语句查询数据；开发人员可以使用以 Scala、Java、Python 和 R 语言构建的 API。Spark SQL 支持多种数据源，包括 JDBC、ODBC、JSON、HDFS、Hive，ORC 和 Parquet。

Spark Streaming：对实时数据进行流式计算的组件。Spark Streaming 的基本原理是将连续的流数据按时间片段分成很小的微批，以类似批量处理的方式来处理每一批数据。开发人员可以将相同代码用于批处理和实时流式处理应用程序，从而提高开发效率。Spark Streaming 支持来自 Twitter、Kafka、Flume、HDFS 和 ZeroMQ 的数据，以及 Spark 程序包生态系统中的其他众多数据。

MLlib：在大规模数据上进行机器学习所需的算法库。可以在任何 Hadoop 数据源上使用 R 或 Python 语言对机器学习模型进行训练，这些数据源使用 MLlib 保存，并且被导入到基于 Java 或 Scala 的管道中。Spark 专为在内存中运行的快速交互式计算而设计，使机器学习可以快速运行。MLlib 支持的算法包含分类、回归、集群、协同过滤和模式挖掘等。

GraphX：构建在 Spark 之上的分布式图形处理框架。GraphX 可以让用户能够以图形交互的方式开展 ETL、探索性分析和迭代图形计算等业务处理。

集群管理器(Standalone/Local、YARN、Mesos)：Hadoop YARN、Apache Mesos 以及 Spark 自带的独立调度器都被称为集群管理器。集群管理器主要负责各个节点的资源管理工作。Spark 框架可高效地在一个到数千个节点之间伸缩计算，为了实现这样的要求，同时获得最大的灵活性，Spark 支持在上述各种集群管理器上运行。

3．Spark 运行架构

Spark 运行架构如图 9-9 所示，包括任务控制节点、SparkContext、集群资源管理器、多个运行作业任务的工作节点、每个工作节点上负责执行具体任务的执行器。

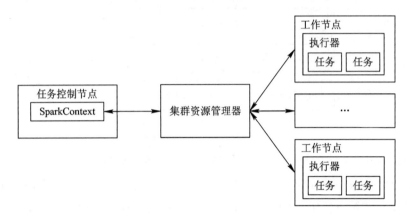

图 9-9　Spark 运行架构

(1) 任务控制节点(Driver)：运行应用程序的 main 函数并创建 SparkContext。

(2) SparkContext：Spark 应用程序的入口，负责和集群资源管理器进行通信，进行资源申请任务分配和监控等，并协调管理各个工作节点上的执行器。

(3) 集群资源管理器(Cluster Manager)：集群资源管理器可以是 Spark 自带的资源管理器，也可以是 YARN 或 Mesos 等资源管理框架，分别对应 Spark 集群的三种运行模式，即 Standalone、Spark on YARN、Spark on Mesos。

(4) 工作节点(Worker Node)：集群中任何可以运行应用代码的节点，运行一个或多个执行器进程。

(5) 执行器(Executor)：在工作节点上执行任务的组件，用于启动线程池来运行任务。每个应用程序拥有独立的一组执行器。

9.5　数据可视化

数据可视化是指通过图表、图形和其他可视化方式将数据转化为直观、易于理解的形式，利用人类视觉感知特性，帮助用户更好地理解数据、发现规律、提取信息和做出决策。数据可视化在各个领域都有广泛的应用，如市场营销分析、销售业绩监控、金融风险管理、医疗数据分析等。通过数据可视化，用户可以直观地了解数据背后的故事，发现潜在的商机和问题，并采取相应的行动。因此，数据可视化在数据驱动决策和业务优化中发挥着重要作用。

数据可视化的特点包括：

(1) 直观性：通过图表、图形等可视化形式展示数据，使数据变得更加直观易懂，帮助用户快速获取信息。

(2) 聚焦重点：可以突出数据中的重要信息和趋势，帮助用户关注关键指标和异常情况。

(3) 探索性分析：提供了交互式的探索数据方式，帮助用户发现数据中隐藏的规律和关联。

(4) 决策支持：通过数据可视化，可帮助用户更准确地理解数据，基于数据做出更明智的决策。

9.5.1　数据可视化方法

按照数据类别区分，数据可视化方法可以分为文本数据可视化、网络关联数据可视化、时空数据可视化、多维数据可视化等。

1. 文本数据可视化

文本数据是大数据时代非结构化数据类型的典型代表，是互联网中最主要的信息类型，也是人们日常工作和生活中接触最多的数据类型。随着数据量日益增大，文本数据之间相互关系也越来越复杂，人们处理和理解信息难度也日益增大，传统文本分析技术已无法满足用户对信息进行快速理解和利用的需求。文本可视化技术通过融合文本分析、数据挖掘、数据可视化、计算机图形学、人机交互、认知科学等学科的理论和方法，可将文本中复杂的或者难以通过文字表达的内容和规律(例如词频与重要度、逻辑结构、主题聚类、动态演化规律等)以视觉符号的形式直观地表达出来。

文本数据可视化典型的方案有基于文本内容的可视化、基于文本关系的可视化和包含时间关系的可视化。

(1) 基于文本内容的可视化。

基于文本内容的可视化主要包括基于词频的可视化和基于词汇分布的可视化两种。

基于词频的可视化将文本看成是词汇的集合(词袋模型)，用词频表现文本特征，用于快速获取文本的重点内容，典型的实现方法是标签云。标签云将关键词根据词频或其他规则进行排序，按照一定规律进行布局排列，用大小、颜色、字体等图形属性对关键词进行可视化，如图 9-10 所示。

基于词汇分布的可视化主要用于反映词频在文本中的命中位置，通过词汇进行索引，可在

图 9-10　标签云示例图

查询任务中快速了解文本内容与查询意图的相关度，如图 9-11 所示。

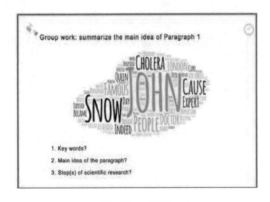

(a) 课文第一段词汇云

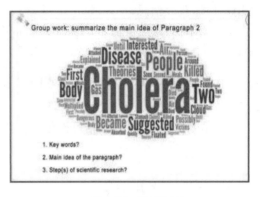

(b) 课文第二段词汇云

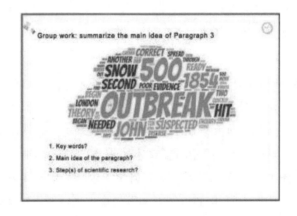

(c) 课文第三段词汇云

图 9-11　基于词汇分布的可视化示例图

(2) 基于文本关系的可视化。

基于文本关系的可视化包括基于文本内在关系的可视化和基于文本外在关系的可视化两种。

基于文本内在关系的可视化主要用于反映文本内在结构和语义关系，帮助人们理解文本内容和发现内在规律，主要有网络图、后缀树、链路图和径向关系填充等实现方法。图 9-12 所示为径向关系示例。

基于文本外在关系的可视化反映的是文本间的引用关系、网页的超链接关系等直接关系，以及主题相似性等潜在关系。其可视化形式主要有网络图、FP-tree、标签云改造等。其中网络图主要用来展示对文本集的引用关系，网络节点代表文本，有向线代表引用关系；FP-tree 用来展现文献共引关系，比 CiteSpace 可视化文献分析软件呈现更为细致的信息，便于学术领域进行研究；标签云改造则可以呈现由 Jaccard 系数计算出的聚类结果，同行同主题，相邻行主题相似。

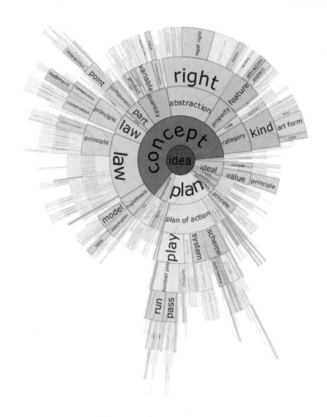

图 9-12　径向关系示例图

(3) 包含时间关系的可视化。

包含时间关系的可视化主要思想是通过时间信息提供文本内容变化等数据规律信息，主要有标签云与时间结合、叠式图 Theme River 等实现方法。

标签云与时间结合方法具有以下表现形式：一是在词语下引入折线图，表示词语使用频度的变化，如图 9-13 所示；二是在标签云上标上不同颜色和图形；三是使用时间折线图或时间点标签云，折线图上值越大表示此时的标签云标签越多。

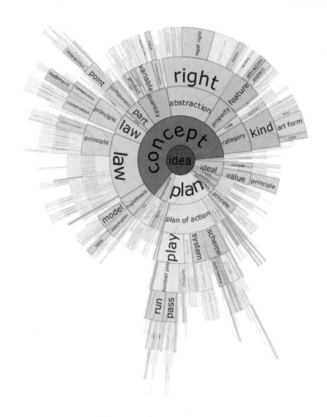

图 9-13　折线图表示频度变化示例图

叠式图 Theme River 方法使用分层叠加的方法，每层代表一个事物，以颜色区分，粗细代表频度，如图 9-14 所示。叠式图 Theme River 用河流作为隐喻，河流从左至右的流淌代表时间序列，将文本中的主题用不同颜色的色带表示，主题的频度以色带的宽窄表示。基于上述方式，研究者又提出了叠式图 TextFlow，进一步展示了主题的合并和分支关系以及演变进程，如图 9-15 所示。

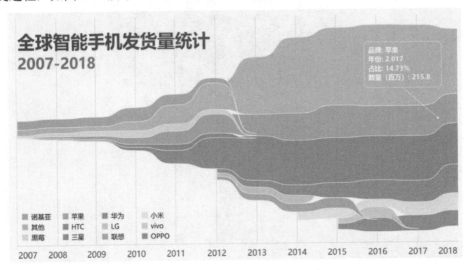

图 9-14　叠式图 ThemeRiver 示意图

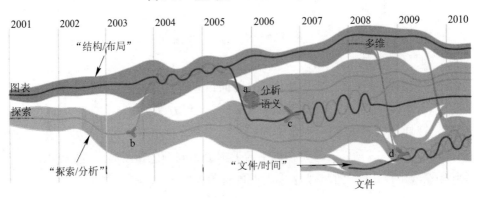

图 9-15　叠式图 TextFlow 示意图

2．网络关联数据可视化

网络关联关系是基于网络节点和连接的拓扑关系，直观地展示网络中潜在的网络关系，是网络可视化的主要内容之一。对于具有海量节点的大规模网络，如何在有限的屏幕空间中进行数据可视化，是大数据时代面临的难点和重点。除了对静态的网络拓扑关系进行可视化，对动态网络的特征进行可视化也是网络关联数据可视化的重要内容，因为大数据相关的网络往往具有动态演化性。

网络关联数据可视化技术有很多类型，主要分为经典的基于节点的可视化技术、基于空间填充法的可视化技术和基于图简化方法的可视化技术。

（1）基于节点的可视化技术。

基于节点的可视化技术是网络关联数据可视化的基础方法和技术，包含了树状图、圆锥树状图、环状径向树状图、径向树状图、放射图、放射状流向图等，如图 9-16 所示。

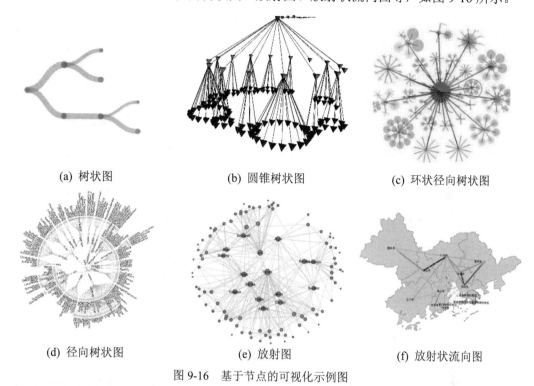

  (a) 树状图   (b) 圆锥树状图   (c) 环状径向树状图

  (d) 径向树状图   (e) 放射图   (f) 放射状流向图

图 9-16   基于节点的可视化示例图

（2）基于空间填充法的可视化技术。

对于具有层次特征的图也常采用基于空间填充法进行可视化，如基于矩形填充、Voronoi 图填充、嵌套圆填充等可视化技术，如图 9-17 所示。

 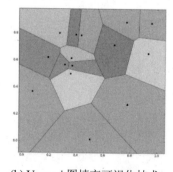 

 (a) 基于矩形填充可视化技术   (b) Voronoi 图填充可视化技术   (c) 嵌套圆填充可视化技术

图 9-17   基于空间填充法的可视化示例图

（3）基于图简化方法的可视化技术。

为应对大规模网络中海量数据节点和边在传统空间填充法中出现的重叠覆盖问题，提出了基于图简化方法的可视化技术。其通过层次聚类与多尺度交互，将大规模图转化为层次化树结构，再通过多尺度交互对不同层次的图进行可视化，如图 9-18 所示。

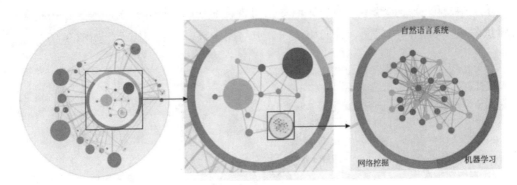

图 9-18　基于图简化方法的可视化示例图

3．时空数据可视化

时空数据是指带有地理位置与时间标签的数据。时空数据的可视化需要与地理制图学相结合，重点对时间与空间维度的信息对象属性建立可视化表征。时空数据可视化主要技术有流式地图(fow map)和时空立方体(space-time cube)两种。

(1) 流式地图技术。

流式地图技术是一种典型的将时间事件流与地图进行融合的方法。流式地图反映了信息对象随时间进展对应的空间位置所发生的变化，需要通过信息对象特定属性的可视化来展现，如图 9-19 所示。

图 9-19　流式地图示例图

(2) 时空立方体技术。

时空立方体技术就是以三维方式对时间、空间和事件进行描述，通过立体模型直观地展现出来，如图 9-20 所示。

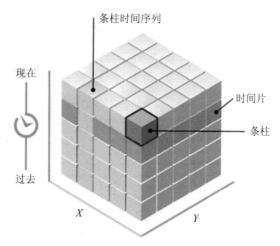

图 9-20 时空立方体示例图

4．多维数据可视化

多维数据是指具有多个维度属性的数据变量，广泛存在于基于传统关系数据库以及数据仓库的应用中。目前用于多维数据可视化的方法主要有散点图、投影和平行坐标等。

(1) 散点图。

散点图是一种常见的统计图形，主要用来揭示两个变量之间的关系。散点图包括简单散点图、三维散点图和散点图矩阵等，如图 9-21 所示。

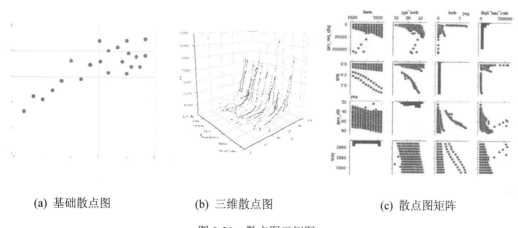

(a) 基础散点图   (b) 三维散点图   (c) 散点图矩阵

图 9-21 散点图示例图

(2) 投影。

为了解决多维数据集造成的可视化显示混乱和交互响应时间过长问题，人们提出了投影方法。基于投影的多维数据可视化一方面反映了维度属性值的分布规律，另一方面直观展示了多维度之间的语义关系。如图 9-22(a)所示。在形曲线中的数据是高维的数据，通过 t-SNE 将数据投影到三维空间后，可以看到数据之间的类别信息被完整地保留下来了，如图 9-22(b)所示。

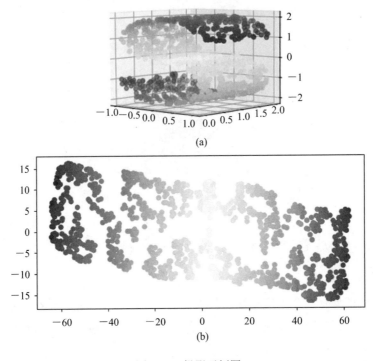

(a)

(b)

图 9-22　投影示例图

(3) 平行坐标。

平行坐标方法将维度与坐标轴建立映射，在多个平行轴之间以直线或曲线映射表示多维信息。为了反映各个维度变量间相互关系和变化趋势，通常用折线将单个多维数据样本在所有竖直轴上的坐标点相连，得到的折线即为该样本在二维空间的映射，如图 9-23 所示。

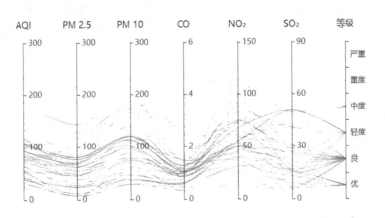

图 9-23　平行坐标示例图

9.5.2 数据可视化工具

数据可视化工具是用于将数据转化为图表、图形和可视化效果的软件或库，帮助用户将复杂的数据以直观的方式展示出来。下面介绍 D3、ECharts 和 Tableau 等常见的数据可视化工具。

1. D3

D3 全称是 Data-Driven Documents(数据驱动文档)，是一款基于 JavaScript 的开源数据可视化库。D3 起源于斯坦福大学 Jeff Heer 和 Vadim Ogievetsky 共同撰写的《D3：Data-Driven Documents》。其核心在于使用绘图指令对数据进行转换，在源数据的基础上创建新的可绘制数据，生成 SVG 路径以及通过数据和方法在 DOM 中创建数据可视化元素。

D3 兼容 W3C 标准，与其他的类库相比，D3 对视图结果有很大的可控性。D3 可以让用户随心所欲地把数据绑定到一个文档对象的模型(DOM)上，然后应用数据驱动转换到文档中。D3 灵活性较高，可以实现高度定制化的可视化效果。图 9-24 所示为 D3 构建的可视化效果图。

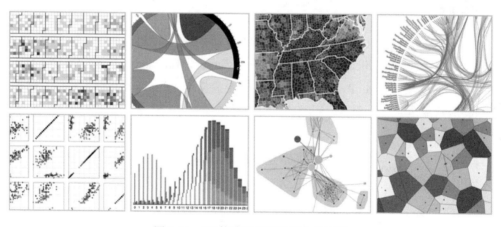

图 9-24　D3 构建的数据可视化效果图

2. ECharts

ECharts 是一款基于 JavaScript 的开源数据可视化库。最初由百度团队开源，并于 2018 年初捐赠给 Apache 基金会。ECharts 提供了丰富的图表类型和交互功能，适用于网页端和移动端的数据可视化需求。ECharts 可以流畅地运行在 PC 和移动设备上，并兼容当前绝大部分浏览器。

ECharts 提供了简单易用的 API，使用户可以快速创建各种图表，并支持丰富的主题和样式定制。ECharts 易于上手，支持多种图表类型和交互方式，如图 9-25 所示。

3. Tableau

Tableau 是一套商业智能和数据可视化工具。Tableau 最初是斯坦福大学 2003 年的一个计算机科学项目，现已经成为数据科学和商业智能领域使用率较高的数据可视化工具之一。Tableau 支持多种数据源的连接和数据处理，用户可以通过拖放操作轻松创建各种交互式报表和仪表盘。

图 9-25   ECharts 部分图表库

Tableau 主要包括 Tableau Desktop、Tableau Server、Tableau Online、Tableau Mobile、Tableau Public 以及 Tableau Reader 等软件产品。企业使用 Tableau 可以将数据运算与美观的图表完美地嫁接在一起，无需编程经验便可通过拖拽的方式完成高质量的可视化报表，如图 9-26 所示。

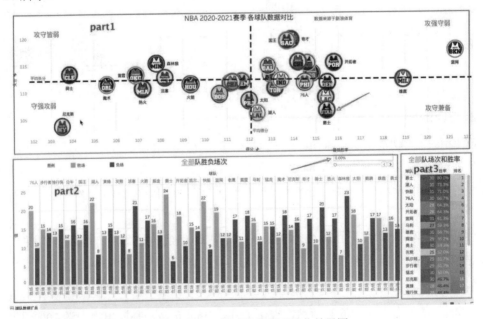

图 9-26   Tableau 构建的数据可视化效果图

第 10 章　数据资源管理典型案例

随着大数据技术的飞速发展，人们越来越重视对数据资源的管理和应用，数据资源管理逐步渗透到金融、经济、医疗、工业、通信、保险、娱乐、教育等人类生活的各个领域。可以说，数据资源已经成为人们生活、工作、学习过程中时刻产生的一种重要的隐形资源，如何利用和管理好这一重要资源也成为当今各行各业谋求深入发展的一个重要课题。

电信运营服务是我国通信领域重要的支柱产业，也是与人们生活息息相关的重要领域。本章以此为案例，从资源体系设计、数据采集、数据处理、数据存储和数据分析等不同角度，分析电信运营商数据资源管理的相关内容。

10.1　数据资源体系设计

10.1.1　数据资源体系顶层设计

为满足某省级电信运营商业务的数据化、数据资产化、资产价值化等数据资源管理与应用需求，构建了包含数据运营体系、数据治理体系、数据共享体系、数据智能体系、采集汇聚体系、数据开发体系、数据安全体系、大数据湖等"1 湖 7 体系"的电信大数据平台体系顶层设计，如图 10-1 所示。

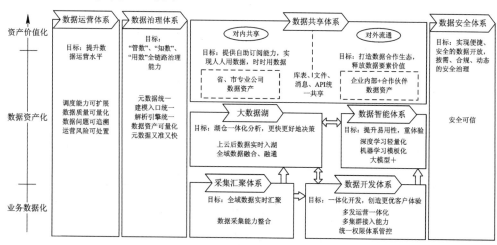

图 10-1　某省级电信运营商数据体系建设顶层设计图

1. 数据运营体系设计

数据运营体系从业务视角是自上而下演绎，确保数据可以按照业务视角进行组织；从技术视角是自下而上归纳，通过建立目录中数据项与系统信息项的映射关系，业务和技术并举，盘活数据资产，可真正发挥数据在企业管理中的价值。数据运营体系设计图如图 10-2 所示。

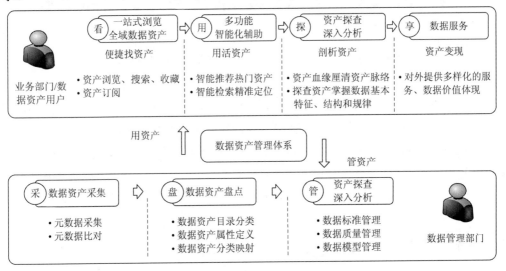

图 10-2   数据运营体系设计图

2. 数据治理体系设计

数据治理体系主要任务为：构建数据资产标准库，为数据的内、外部使用和交换提供一致性、完整性和准确性约束；制订数据分类标准，包括数据分类、数据分层、数据分域、数据标签分类等；规范数据编码体系，包括表编码、脚本编码、指标编码、任务编码等；丰富数据标准信息，包括术语标准、数据项标准、字段类型标准等；完善数据定义规范，通过原子规范定义主题规范，如数据表注册规范由多个子规范组成；完成标准评估，并基于数据资产标准进行稽核，提供告警及分析统计功能。数据治理体系设计图如图 10-3 所示。

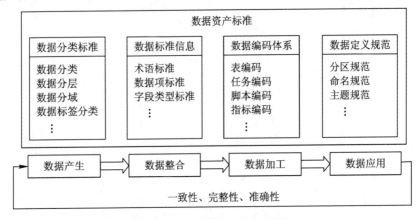

图 10-3   数据治理体系设计图

3．数据共享体系设计

数据共享体系具备多形式、多模态数据产品共享能力，支撑消息级、服务级、大批量数据级资源的快速应用需求；适配数据表、数据文件、消息源等数据资源的上架，具备数据同步任务和订阅能力，提供统一的数据文件共享的标准规范。数据共享体系设计图如图10-4 所示。

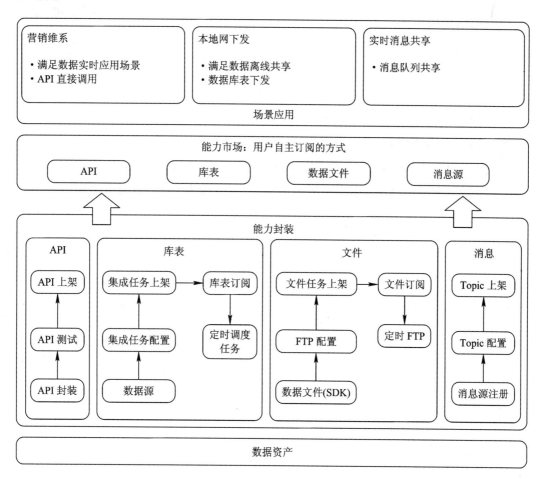

图 10-4　数据共享体系设计图

4．数据智能体系设计

数据智能体系采用一站式 AI 平台，面向不同用户群推出差异化的能力集，形成挖掘建模组件、向导式建模、模型库管理、挖掘模型导出、高级编程开发等关键能力；提供异构环境、数据标注、模型训练等全流程建模，打造开"箱"即用，涵盖 AI 开发全流程管理能力，包含数据接入、模型训练、模型部署功能，满足用户通过可视化向导配置，快速实现 AI 建模及部署的需求。数据智能体系设计图如图 10-5 所示。

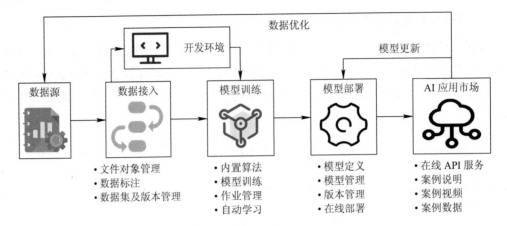

图 10-5　数据智能体系设计图

5. 采集汇聚体系设计

采集汇聚体系支持多源、多策略的元数据采集能力，通过前向注册和后向自动采集完成元数据汇聚，形成"物理分散、逻辑统一"的统一元数据管理，保障元数据日常运营，并提供元数据查询、数据血缘及影响分析等对外服务能力。采集汇聚体系设计图如 10-6 所示。

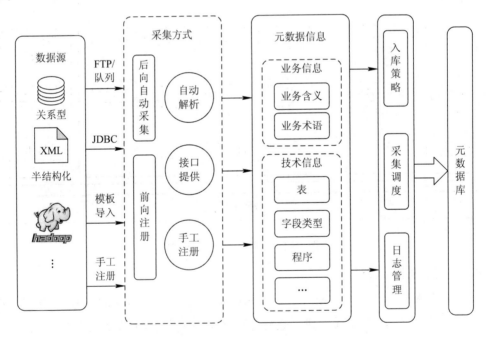

图 10-6　采集汇聚体系设计图

6. 数据开发体系设计

数据开发体系遵循"先设计、后开发、先标准、后建模"的原则，构建一体化、导航式资产管理工作台，形成 SQL 开发、任务开发、即席查询、智能代码提醒、高危操作预警等离线数据开发能力，以及数据源自定义、低代码开发、在线调试、一键热发布、安全可控等实时开发能力，实现"需求管理＋数据开发＋数据治理"深度融合。数据开发体系设计图如图 10-7 所示。

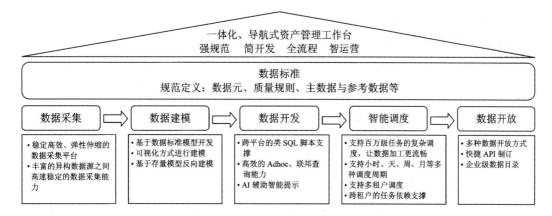

图 10-7　数据开发体系设计图

7. 数据安全体系设计

数据安全体系通过无侵入式租户管理、数据权限管理、安全代理等服务，打造数据安全一体化管理能力，实现基于数据全生命周期的数据安全管理。数据安全体系设计图如图 10-8 所示。

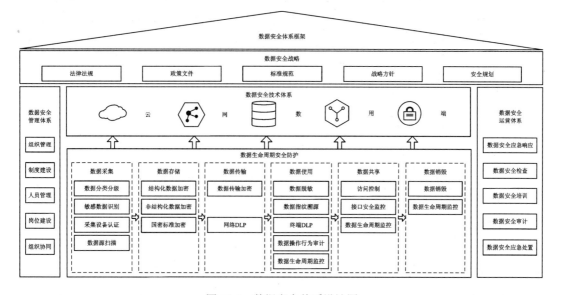

图 10-8　数据安全体系设计图

10.1.2　数据资源体系架构设计

1. 总体架构设计

基于电信运营商"全网数据汇聚、大数据开发、能力开放、运营体系"的数据资源管理目标，通过汇集各方数据，打造融合的数据湖，建设企业级数据目录，基于基础能力产品化建设思路，构建大数据生态体系，实现企业数据应用。其总体架构设计图如图 10-9 所示。

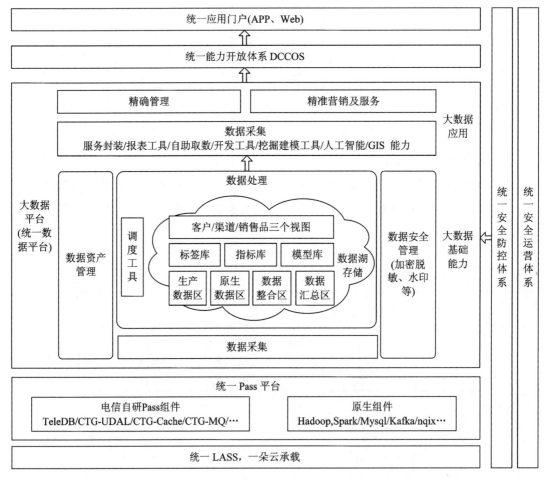

图 10-9　电信大数据平台总体架构设计图

电信大数据平台可分为大数据基础能力与大数据应用两大系统。基础能力系统可通过调用基础 Pass 平台资源和云平台支撑服务，为上层应用提供可靠的数据平台以及数据开发处理的全流程过程能力支撑，包括数据采集、数据处理、数据资产管理、数据安全管理等。大数据应用是为满足企业业务部门管理和营销服务建设的特定应用，可通过能力开放体系 DCCOS 向上层 Web 应用、APP 程序提供创新数据服务，发挥企业数据应用价值，包括精确管理和精确营销及服务等。

2．技术架构设计

电信大数据平台技术架构总体分为基础层、技术层和应用层三大部分，如图 10-10 所示。

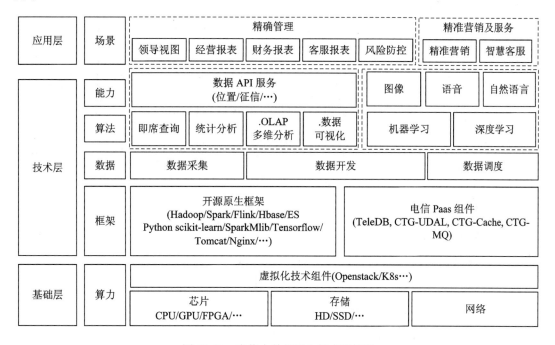

图 10-10　电信大数据平台技术架构图

基础层包括存储、网络、芯片以及虚拟化技术组件，为上层计算提供基础底座。

技术层分为框架、数据、算法和能力四个子层，通过软件应用开发为应用开发提供开放的工具能力。其中，框架层由开源原生框架与电信 Paas 组件两类构成，数据层包括数据采集、开发和调度等基础能力；算法层包含常规分析和高级分析能力，常规分析包括即席查询、统计分析、OLAP 多维分析、数据可视化等能力，高级分析指通过机器学习、深度学习建模产生的分析能力；能力层包括数据 API 类服务与语音、图像、自然语言通用识别能力等两类。

应用层分为精确管理、精确营销及服务等两类场景。

3．数据架构设计

电信大数据平台数据架构分为数据集成层、处理存储层、能力开放层，如图 10-11 所示。数据集成层可以通过 IOTHub、MQ、数据库同步、DataHub、LogService 等技术手段完成对结构化数据、半结构化数据、非结构化数据的数据集成；处理存储层可以进行实时数据存储和离线数据存储，以确保不同数据流得到有效管理并向能力开放层提供数据资源接入的访问控制；能力开放层提供 OpenAPI 和开发工具、自助取数、挖掘建模等多种工具集，可以为上层的智慧运维、精确管理、精细营销和服务等应用提供能力开放的数据支撑服务。

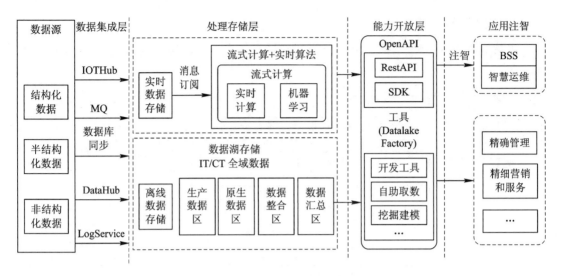

图 10-11   电信大数据平台数据架构图

4. 功能架构设计

电信大数据平台功能架构包括数据采集、数据处理、数据资产管理、数据安全管理、能力开放、精确管理、精确营销和服务等功能模块，如图 10-12 所示。

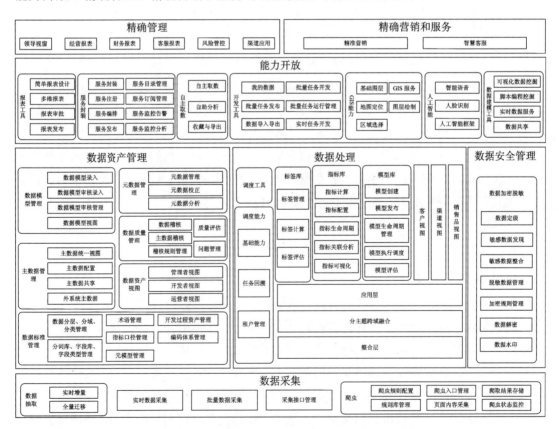

图 10-12   电信大数据平台功能架构图

(1) 数据采集模块可构建稳定高效、弹性伸缩的数据汇聚能力，以满足全网数据汇聚的需要，包括数据抽取、实时数据采集、批量数据采集、采集接口管理等模块。

(2) 数据处理模块可支撑企业级数据处理加工和应用开发能力，按照不同业务主题满足对 B/M/O、网络相关数据的加工处理，形成面向主题的整合层、模型库、指标库和标签库，并提供灵活的企业级任务调度能力。数据处理模块包括整合层、分主题跨域融合、应用层、客户视图、销售品视图、渠道视图、指标库、标签库、模型库、调度工具等模块。

(3) 数据资产管理模块从数据标准、数据模型、主数据、元数据和数据质量五个主要方向对数据进行全生命周期的统一管控，包括数据标准管理、数据模型管理、主数据管理、元数据管理、数据质量管理、数据资产视图等模块。

(4) 数据安全管理模块通过分类、分级加密或脱敏、水印、多租户的权限控制技术实现对大数据平台的数据资产安全管控，包括数据定级、敏感数据发现、脱敏数据管理等模块。

(5) 能力开放模块利用大数据平台全量数据优势和企业数据化能力开放，提供产品化的分析挖掘工具、规范的数据应用开发流程，在统一开发标准、数据管理的管控下，为各类用户提供一条龙大数据服务，包括服务封装、报表工具、开发工具、数据建模工具、人工智能、GIS 能力等模块。

(6) 精确管理模块面向财务、投资、战略、渠道、人力等各业务域数据分析应用，满足日常精确管理应用场景需求，包括领导视图、经营报表、财务报表、客服报表、风险管控等模块。

(7) 精确营销和服务模块支撑各类精准营销应用，构建客户洞察、推荐引擎、活动评估等能力，并支持各类客服数据分析，包括精准营销、智慧客服等模块。

10.2　数据采集内容设计

电信大数据平台提供 Hadoop、Spark 等主流架构数据套件，以满足多域数据和互联网数据的统一采集、存储和计算。数据采集是数据资源管理的重要流程，为数据存储、计算、处理和应用提供基础数据资源服务，包括批量数据采集和实时数据采集。批量数据采集基于 FTP 等传输协议采集离线批量数据，通过数据读取、接收、校验、传输以及断点续传等功能，完成对传输全过程的监控；实时数据采集采用分布式并行计算、复杂事件处理、内存计算、负载平衡、高可用等技术，通过 Web Services、Socket、Kafka、FTP 等协议对接数据源，完成数据实时采集。

10.2.1　批量数据采集

电信大数据平台采用 FTP 等传输协议采集批量数据，保证数据传输的安全性、准确性和一致性。批量数据采集后台抽取引擎监听用户配置目录下的文件夹中的所有文件，并将文件内容存入目标数据库中，如 HDFS、MySQL、Oracle、Kafka 等。批量数据采集系统具备采集源头配置、全量/增量采集、清洗转换、采集策略配置、变量替换、自动重试、数据校验及手工重处理等功能，其主要功能如表 10-1 所示。

表 10-1　批量数据采集系统功能

序号	功能名称	功　能　描　述
1	采集源头配置	界面化配置采集源的 FTP 目录信息；包括采集协议(FTP/SFTP)、连接串信息、文件目录、文件名正则匹配规则
2	全量/增量采集	支撑全量采集及增量采集。全量采集是指采集指定目录下全部文件；增量采集是指采集指定目录下新增的文件或者指定分区下的文件
3	清洗转换	支持 SQL 化编写采集的数据清洗转换规则；支持参数、函数、表的快速选择和引用
4	采集策略配置	采集并发数、异常的处理策略配置，如自动重连、重连时间间隔、异常自动重运行次数等配置
5	变量替换	支持文件名称及目录的常用时间变量替换，如替换成当年当月
6	自动重试	自定义重试次数配置。当采集任务失败，会根据配置次数自动重试
7	数据校验	支持数据校验规则的界面化配置及校验结果的监控，数据校验支持自定义 SQL 规则
8	手工重处理	通过监控界面对采集失败的任务支持界面重处理操作

10.2.2　实时数据采集

实时数据采集负责实时地将其他数据源数据转化为流数据引擎所需要的数据格式，支持 FTP、Socket、WebService、Kafka 等常见协议的实时数据在线采集接入，以及常见的系统日志实时采集。通过各种协议对接数据源，完成数据实时采集，并返回采集回执/错误信息，可对出错的数据进行标记，满足日常运营所需的生产工作要求。

实时数据采集系统采用 Flume + Kafka + Flink 架构，包括数据采集、消息存储、数据清洗转换、数据分析计算等模块，其分析计算能力借助大数据服务调用、机器学习平台等工具的能力进行支撑。其系统架构示意图如图 10-13 所示。

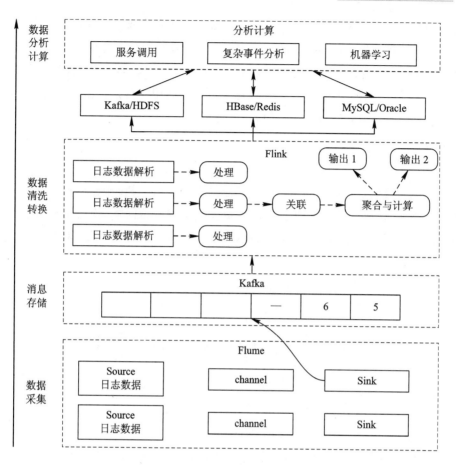

图 10-13　实时数据采集系统架构示意图

Flume 负责完成采集客户端任务，依托其性能优秀、高可靠性以及灵活插件扩展机制，使用户可定制采集插件，实现各种数据的实时采集。由于源头数据的输入格式多种多样，Flume 数据采集无法控制，为了后面数据清洗转换的统一，输出到 Kafka 的数据格式统一定义为字符串分割、JSON 两种。

10.3　数据处理内容设计

电信大数据平台提供了丰富的数据处理工具，可为电信运营商提供多元数据处理服务，按照数据层次和流程划分，多元数据处理服务主要包括数据预处理、整合层数据处理、应用层数据处理、终端数据处理，具体内容如下：

(1) 数据预处理主要对平台收集数据进行预处理工作，为后续数据处理分析奠定基础。

(2) 整合层数据处理是对大数据平台中的业务支撑、操作支持、管理支撑等系统数据，按照不同域的数据要求，进行批量或实时清洗、转换、加工处理等整合工作。

(3) 应用层数据处理是根据不同的应用场景需求建立的应用层数据，按照不同业务特性建设应用层数据模型，从而完成应用层数据处理，快速响应各种应用。

(4) 终端数据处理主要基于大数据平台终端数据、用户数据、网络数据、固网 DPI 和移动 DPI 数据进行跨域关联及解析，从而达到分析判断用户行为、精准识别用户特征等目的，并助力和满足精准营销等应用支撑。

10.3.1　数据预处理

为了满足对数据预处理的需求，电信大数据平台采用了 Spark Streaming 框架来进行数据预处理。该平台按照不同的数据主体将数据源采集到的数据发送给 Spark Streaming 流式计算框架，进行预处理操作后存储到 HDFS 分布式文件系统中。如图 10-14 所示为数据预处理部分设计图。

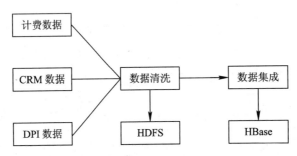

图 10-14　数据预处理部分设计图

数据预处理系统从不同的 Kafka 主题中读取数据并进行数据清洗，然后存储到 HDFS 中，并可以通过 Hive 提供的 HQL 调出存储在 HDFS 中的数据；数据清洗之后进行数据集成，形成宽表，存储在 HBase 中。下面主要介绍数据清洗和数据集成的设计思路。

1．数据清洗

(1) 缺失值清洗。

数据预处理系统导入数据后，首先进行缺失值清洗。对于缺失的字段来说，按照以下规则决定是删除还是补全：如果是电信 ID 字段和手机号码字段缺失，无法进行处理，则为无效数据，所以这条数据直接删除；如果是数据分析模块需要用到的字段缺失，通过计算结果均值数来填充缺失值；如果是其余字段，可以去除该字段。

(2) 格式内容清洗。

处理缺失值后，接下来要进行格式内容处理。如果生效时间、金额、流量语音等数据的具体格式不一致，需要将其处理成统一格式，以便后续的处理分析；对于一些乱码、存储错误的内容，将其当成缺失值，按照缺失值清洗的原则来处理。

(3) 逻辑错误清洗。

前两项清洗完成后，最后进行逻辑错误清洗。逻辑错误清洗是指去除不合理值。例如年龄，如果数值过大或者为负数，则当成收集错误，按照缺失值清洗原则处理该数据；如果用户金额为负等，也需要先进行处理。

2．数据集成

数据预处理系统收集的数据包括分析协议 (Deep Packet Inspection，DPI)数据、计费数据、用户关系信息 (Customer Relationship Management System，CRM)数据等，这些数据都有电信 ID 和手机号码两个相同的字段。可以将这三种类型的数据级联到同一张以手机号码为主键的用户宽表上，存储在 HBase 中，以便后续处理、查找数据。如图 10-15 所示为数据集成过程。

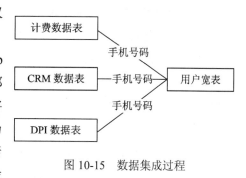

图 10-15　数据集成过程

10.3.2　整合层数据处理

整合层数据处理是指对电信大数据平台中的业务支撑、操作支持、管理支撑、网络等数据，面向分析应用的需求，按照不同域的数据要求，进行批量或实时清洗、转换、加工处理等整合工作，构建整合层运营数据，并统一主数据、维度表等。整合层数据处理的特点是不对数据做汇总类操作，而是按原始颗粒度保存详单数据，最大化保留数据的原始信息。

1．业务支撑系统(BSS)数据整合

业务支撑系统(BSS)数据可以分为如下子域：

(1) 参与人主题域：明确客户概念；以客户为中心，体现客户协议，支撑客户级订单、客户级账单等；引入客户俱乐部体系，挽留和保持高端客户忠诚度。

(2) 账务主体域：以客户为中心，体现客户级账单等业务需求，明确区分账单定制关系、账务定制关系以及客户对账单和发票的定制要求；在余额账本方面，对账本的拥有对象和使用对象进行区分，并根据预付费的要求对余额账本模型进行细化；根据异地缴费等业务的要求对账务相关实体进行修改。

(3) 产品主题域：继承和完善产品、销售品体系，明确组合产品定义及其与产品关系；明确基础类销售品和套餐类销售品的分类，以及相互之间的关系；梳理销售品和定价计划之间的关系，通过销售品参数衔接销售品和定价参数；完善营销类资源及其与产品之间的关系。

(4) 市场营销主题域：明确计划制订过程中的指标表达，指导营销活动的定义和执行，支撑营销活动的执行和跟踪；建立销售线索到销售机会的跟踪，并建立通过销售机会引导销售活动的体系；明确销售组织(渠道)的架构和管理体系；建立责任对象的概念，并明确客户经理在负责各个营维对象时的具体职责；支撑品牌经营，使之与竞争对手的产品或服务相区别。

(5) 事件主题域：统一接触渠道的表示，抽象表达客户接触交互过程；以客户为中心，支撑客户级订单等业务需求，明确客户级订单表示。

2. 操作支持系统(MSS)数据整合

操作支持系统(MSS)数据分为如下子域：

(1) 财务管理域：包括预算管理类、应收管理类、资金管理类、核算管理类、应付管理类、工程会计管理类、固定资产管理类等数据。

(2) 工程管理域：包括项目管理类、采购管理类、库存管理类、核算管理类等数据。

(3) 人力资源管理域：包括人力资源规划类、岗位管理类、配置管理类、培训管理类、员工发展管理类、绩效考核管理类、薪酬福利管理类、人事行政管理类等数据。

3. 管理支撑系统(OSS)数据整合

管理支撑系统(OSS)数据分为如下子域：

(1) 规划域：从运营支撑和就绪域、开通域、保障域以及 BSS 域中获取需求，给出规划方案。

(2) 运营支撑与就绪域：面向规划域、开通域和保障域提供覆盖全业务、全网格的支撑和就绪功能。

(3) 开通域：根据 BSS 的需求，实现开通的流程管理，结合运营支撑与就绪域完成端到端的开通功能。

(4) 保障域：对运营提供保障支撑，实现保障的数据采集、数据分析和流程管理，结合运营支撑与就绪域完成端到端的保障。

4. 网络域数据整合

网络域数据整合是对信令、DPI、基站(MER、CDR 等)、网元平台、业务平台的数据进行整合。

10.3.3　应用层数据处理

应用层是能够直接为应用功能访问的数据层。因为数据应用的技术实现方式不同、展现形式各异，且对展现效率有很高的要求，以及考虑数据安全、对生产环境资源影响等问题，所以需要单独建立数据层为各类应用提供数据支撑，形式可为表、视图、文件、消息、接口等。

进行应用层数据处理时，应根据不同的应用场景需求建立应用层数据，按照不同业务特性建设应用层数据模型。应用层数据能快速响应各种应用，为综合查询统计、主题分析、专题分析、指标类、标签类以及决策支持提供快速数据支撑。应用层数据模型应具备松耦合、易组合、可多维度建模、支持应用报表等特点，且支持时间、区域、网络、销售品、产品、客户、渠道等多维度的数据计算。

10.3.4　终端数据处理

终端数据处理基于电信大数据平台终端数据、用户数据、网络数据、固网 DPI 和移动 DPI 数据进行跨域关联及解析，识别用户手机号码及手机终端等相关信息，同时结合互联网爬虫技术对权威手机网站的手机基础信息进行爬取，并设计相应的规则算法进行终端信息关联、融合、参数补全以构建终端信息数据库，洞察用户行为，识别用户与终端的匹配关系，精准识别用户所使用的手机号码及终端属性特征，助力并满足精准营销等应用支撑，其主要包含了数据源、数据处理、数据分析/模型及数据应用等四层，总体架构如图 10-16 所示。

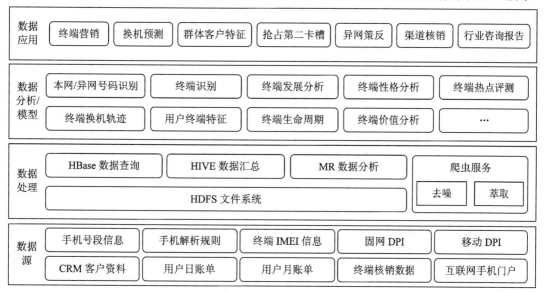

图 10-16　电信大数据平台终端数据处理架构图

这里以用户识别为例分析终端数据处理方法。对于用户识别业务，主要包括了手机号码信息及手机终端与智能终端解析识别。

(1) 手机号码信息解析识别。

手机号码识别是指在现有固网 DPI、移动 DPI 数据中采集家庭 WiFi 或热点环境下的网络访问信息，识别出在此 WiFi 下发生过上网的手机号码，对识别出来的手机号码通过运营商、归属地等基本信息，形成完善的手机号码识别流程。从 DPI 数据详单到手机号码识别是一个收敛的过程，逐渐减小识别量，精细化识别出结果详单，支撑异网用户营销工作。

手机号码通过电信 WiFi、热点等上网进行注册、登录等操作时，可在 DPI 数据中通过建模挖掘和分析这些信息，识别出 DPI 数据中的手机号码。其中主要的数据来源是固网 DPI 数据。DPI 数据识别逻辑如图 10-17 所示。

(2) 手机终端解析识别。

从基于 DPI 的手机终端可获取关键信息，即用户通过 4G/5G 以及 WiFi 访问互联网时，会产生用户号码、IMEI、MEID 以及 UA 信息，包含访问的 URL、访问时间、流量等信息。

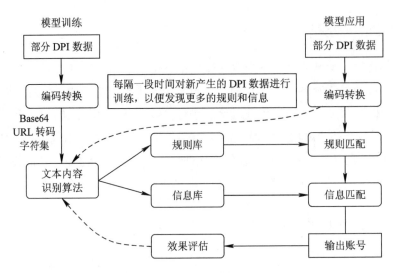

图 10-17　DPI 数据识别逻辑图

另外用户上网时会用到各种浏览器、应用软件，而这些浏览器、应用软件发送出来的 UserAgent 信息中含有终端信息。例如通过 UC 浏览器发送出来的 UserAgent 信息可以获取到用户的终端型号信息。类似地通过建立的匹配规则，也可以截取 UserAgent 信息中用户的终端型号。电信大数据平台采用以"TAC 码识别为主、UA 识别为辅、终端自注册校验"三层识别进行手机终端识别并且针对未识别的手机终端进行智能学习、迂回识别，最大限度保证识别率。

(3) 智能终端解析识别。

智能终端解析识别通过固网用户 DPI 的 Cookie 与 UA 等信息结合智能终端字典库、UA 库等信息库，用于准确识别用户使用的智能终端信息内容。对固网 DPI 数据中异网用户终端识别主要采取 UA 识别方式，并且针对 Cookie 进行 IMEI 规则提取，如果发现 IMEI，则优先用 TAC 库进行识别。

10.4　数据存储内容设计

为了满足对多源异构电信业务系统的整合与适配，电信大数据平台集合了主流厂商与新型大数据存储技术，包含 Oracle、SQL Server、MySQL、GrennPlum 等数据库以及 Hadoop 生态中的 20 余种主要组件，提供基于 Hadoop、MPP、流处理和关系数据库的数据存储与计算架构，实现多域数据和互联网数据的集中存储、计算与共享。数据存储支持多种类型的数据存储，包括分布式文件系统、列式数据库、内存数据库和关系数据库，以满足各种类型数据的存储和计算需求。按照存储数据种类划分，数据存储主要包括静态大数据存储和流式大数据存储两个方面。

10.4.1　静态大数据存储

电信大数据平台采用 Hadoop 主/从架构实现海量数据的分布式存储，为保证元数据的可靠性与安全性，数据存储方案分为 HDFS 控制模块、元数据可靠性保护模块和数据加密存储模块等。如图 10-18 所示。

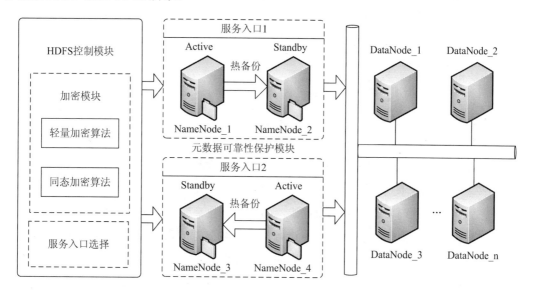

图 10-18　数据存储方案整体框架图

HDFS 控制模块主要负责将用户端与 Hadoop 集群中的 NameNode 服务器建立连接，并初始化加密算法；元数据可靠性保护模块通过将 NameNode 服务分发到服务器，并且将其分为不同的组，同时管理整个集群和对外提供服务。其中，每组 NameNode 元数据保持一致，且同一时刻仅有一个处于 Active 状态对外提供服务，而另一个作为备份节点对元数据实施热备份，以保证节点宕机时，备用节点可以直接接替原节点管理集群。数据加密存储模块主要利用改进的加密算法，对普通数据和需要计算的文本数据分别实施轻量加密和同态加密，并通过多线程的方式对数据进行加密和存储，兼顾了安全存储和高效计算。

10.4.2　流式大数据存储

与静态数据不同，由于流式数据格式更加复杂，且注重时效性，其存储过程包含了从数据源传输并存储到存储系统的整个过程。针对流式数据传输过程中数据问题设计了基于 Flume 的加密拦截器，针对流式数据的存储系统设计了基于 Hadoop 的数据湖存储方案。

(1) 基于 Flume 的加密拦截器

基于 Flume 的加密拦截器的作用是对事件内容进行过滤，完成初步清洗。它可以以流处理的方式，将数据源源不断地按照规定的过滤规则对数据内容进行处理。通过对 ECC 加密算法进行改进，并嵌入到拦截器中，对关键信息进行加密处理，在不影响流式数据传输效率的同时，从源端保证了数据的安全。基于 Flume 的加密拦截器工作原理如图 10-19 所示。

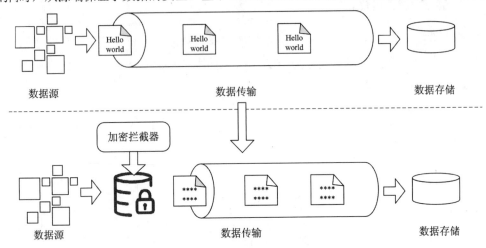

图 10-19　基于 Flume 的加密拦截器工作原理图

(2) 基于 Hadoop 的数据湖存储方案。

　　考虑到流式数据通常来自多个数据源，为了保证更高效地传输和存储数据，基于数据湖的流式数据存储方案使用多个 Flume 进程将多个数据源的数据进行收集归纳，并集中存储到大数据存储系统中。海量的流式数据如果直接保存到存储系统中，势必会因为网络或者数据量的不稳定导致数据拥挤或断流等。为此，采用 Kafka 对接 Flume 传输的数据，将数据序列化，并在数据传输量较大时实现数据的缓存，从而保证流式数据能够高效稳定地存储到分布式存储系统中。在此基础上，采用数据湖理念构建了基于 Hadoop 的数据湖存储系统，并通过设计按时分区方案，以数据传输的时间戳作为分区命名，保证后续高效地查找存储在数据湖上的流式数据。如图 10-20 所示为多源流式数据存储流程。

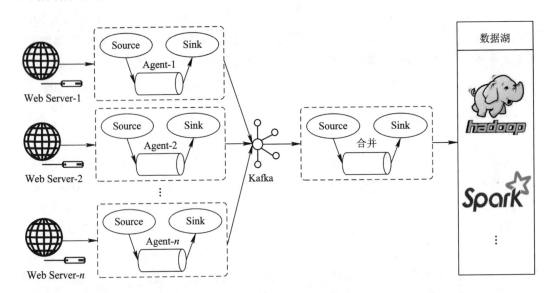

图 10-20　多源流式数据存储流程

10.5　数据分析内容设计

在电信大数据平台中，需要对用户行为预测、施工订单工单实时排名、生产系统日志分析等实时数据进行处理分析，同时需要对区域订单完工量、工单施工时限统计等周期性数据进行处理分析。因此，在进行数据分析时，需要针对不同的分析需求，采用不同的数据分析策略，兼顾满足处理速度与处理复杂度。

10.5.1　实时数据处理的设计

1. 方案设计

在电信大数据平台中，需要在不同维度上对用户行为预测、施工订单工单实时排名、生产系统日志分析、故障预测等不同应用涉及的相应的数据进行统计分析，其中既包含实时性需求，也包含有如聚合、去重、连接等较为复杂的统计需求。

为了兼顾实时性和复杂性需求，在电信大数据平台采用了 Kafka+Spark Streaming 的方案搭建实时数据处理系统，该框架融合了流式计算技术、内存计算技术，可以较为完美地支撑数据实时统计分析。在数据传输方面，采用 Kafka 作为信息传递中间件来接收消息，获取客户端发送的分布式信息，同时接受 Spark Streaming 流式处理请求，将消息按时序发送给 Spark Streaming 集群处理。Kafka 分布式消息队列具有很好的数据吞吐量、较高的可靠性和扩展性。Spark Streaming 在数据处理方面，能实时地从 Kafka 消息队列中获取有用的数据，将数据处理的中间结果存储在内部的可用内存中，从而很好地完成集群中的状态分发、数据处理和容错保障；在结果存储方面，可以将数据处理得到的结果写入到数据库和 HDFS 文件中。

2. 客户流失行为分析模块具体实现

这里以客户流失行为分析为例，设计实时数据处理模块对该场景的实现。本系统需要实时分析客户拆机单，按照分公司和端局进行排名，实时分析各种不同拆机原因对应的拆机数，并将分析结果返回系统，或将结果发送给对应的负责人。客户流失分析实时处理流程如图 10-21 所示。

客户流失实时数据分析主要是分析客户的拆机订单，生成 Kafka 消息，将消息发送给 Spark Streaming 进行流式处理。Spark Streaming 采用更加高效的 Kafka API 接口模式，简化数据流转并行度，同时使用 Direct Stream 创建尽可能多的 RDD 分区，支持在 Kafka 和 RDD 分区之间存在一对一的映射，以便调整。Kafka API 接口模式效率高，可以很好地消除在数据复制和处理过程中的数据丢失问题。流式处理完成后，调用电信大数据平台提供的服务，将结果返回给电信大数据平台。

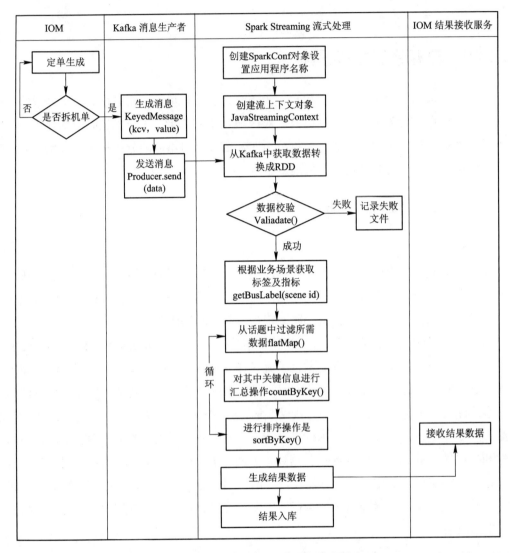

图 10-21   客户流失分析实时处理流程图

10.5.2   周期性数据处理的设计

1. 方案设计

除了实时数据分析需求外，电信大数据平台还需要处理分析很多的周期性数据，例如电信客户月度/年度资费统计、客户满意度与投诉单状况等。针对这些周期性数据，传统的做法是在系统闲时定时采集指定数据库的数据。由于这种做法需要分析的当前数据和历史数据体量都比较大，还需要在网上做数据备份，工作效率较低，而且可能和数据备份等闲时工作存在资源冲突。因此，电信大数据平台采用 Sqoop 工具将数据从传统关系数据库转换到 HDFS 文件中，利用 Spark 批处理技术，将数据加工处理为想要的结果，然后将结果保存到电信大数据平台中，供系统用户使用。

2. 客户投诉处理分析模块具体实现

这里以客户投诉处理分析为例，设计周期性数据处理模块对该场景的实现。本系统需要定期分析客户投诉单，通过数据挖掘工具挖掘、识别投诉文本及投诉工单中的信息，构建投诉过程的全面分析，及时了解目前客户投诉的分布情况，形成连续投诉识别分析、连续投诉清单查询、投诉关联分析、投诉关联清单查询等能力。客户投诉周期性数据处理流程如图 10-22 所示。

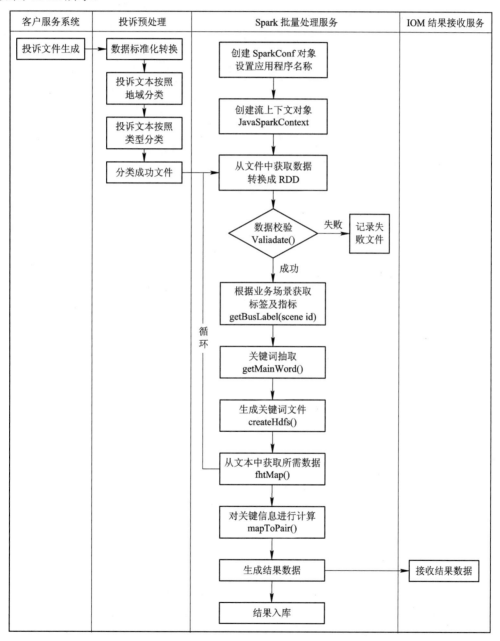

图 10-22　客户投诉周期性数据处理流程图

客户投诉处理分析首先主要分析客户投诉单文件，通过客户投诉预处理服务完成对客户系统传递过来的投诉单文本文件进行预处理，主要包括数据标准化转化和按照地域与类型分类；然后从文件中获取数据转化成 RDD，并将不同类型的投诉文件保存在不同的目录中；接着 Spark 批处理服务对接收的数据进行有效性验证，验证不通过的错误记录信息保存到失败文件中；其次根据业务场景获取标签及指标，进行关键词抽取并生成关键词文件，从而从文件中获取所需数据；最后对关键信息进行计算，生成结果信息返回给电信大数据平台，并将处理结果入库保存。

参 考 文 献

[1]　杭州市数据资源管理局，等. 数据资源管理[M]. 杭州：浙江大学出版社，2019.

[2]　俞东进，孙笑笑，王东京. 大数据基础、技术与应用[M]. 北京：科学出版社，2022.

[3]　梅宏. 大数据导论[M]. 北京：高等教育出版社，2018.

[4]　杜小勇. 大数据管理[M]. 北京：高等教育出版社，2018.

[5]　曹杰，李树青. 大数据管理与应用导论[M]. 北京：科学出版社，2018.

[6]　朱洁，罗华霖. 大数据架构详细：从数据获取到深度学习[M]. 北京：电子工业出版社，2016.

[7]　大数据技术标准推进委员会. 数据资产管理实践白皮书. 6.0 版，[R/OL]. 2023(01).

[8]　STEVE H. 数据建模经典教程[M]. 2 版. 北京：人民邮电出版社，2017.

[9]　何章鸣，周萱影，王炯琦. 数据建模与分析[M]. 北京：科学出版社，2021.

[10]　祝守宇，蔡春久． 数据标准化：企业数据治理的基石[M]. 北京：电子工业出版社，2023.

[11]　LADIEY J. 数据治理：如何设计、开展和保持有效的数据治理计划[M]. 刘晨，车春雷，宾军志，译. 北京：清华大学出版社，2021.

[12]　米洪，张鸰. 数据采集与预处理[M]. 北京：人民邮电出版社，2019.

[13]　廖大强. 数据采集技术[M]. 北京：清华大学出版社，2022.

[14]　乔·门德斯·莫雷拉，安德烈·卡瓦略，托马斯·霍瓦斯. 数据分析：统计、描述、预测与应用[M]. 吴常玉，译. 北京：清华大学出版社，2021.

[15]　李云雁，胡传荣. 试验设计与数据处理[M]. 3 版. 北京：化学工业出版社，2017.

[16]　林子雨. 大数据技术原理与应用：概念、存储、处理、分析与应用[M]. 北京：人民邮电出版社，2016.

[17]　舒继武. 数据存储架构与技术[M]. 北京：人民邮电出版社，2023.

[18]　阿里云基础产品委员会. 云存储：释放数据无限价值[M]. 北京：电子工业出版社，2022.

[19]　林康平，孙杨. 数据存储技术[M]. 北京：人民邮电出版社，2017.

[20]　谭旭，李程文. 大数据存储[M]. 北京：人民邮电出版社，2022.

[21]　林骥. 数据化分析：用数据化解难题，让分析更加有效[M]. 北京：电子工业出版社，2023.

[22]　JOHN A R. 数理统计与数据分析[M]. 田金方，译. 3 版. 北京：机械工业出版社，2011.

[23]　INMON W H. 数据仓库[M]. 王志海，译. 4 版. 北京：机械工业出版社，2006.

[24]　CODD E F. A relational model of data for large shared data banks[J]. Communications of the ACM，1970，13(6)：377-378.

[25]　CODD E F，CODD S B，SALLEY C T. Providing OLAP (On-line Analytical Processing) to User-Analysts: An IT Mandate[J]. 1993.

[26] DEAN J，GHEMAWAT S. MapReduce: simplified data processing on largeclusters[J]. Communications of the ACM，2008，51(1)：137-150.

[27] GHEMAWAT S，GOBIOFF H，LEUNG S T .The Google file system[J].Acm Sigops Operating Systems Review，2003，37(5)：29-43.

[28] CHANG F，DEAN J，GHEMAWAT S，et al. Bigtable: A Distributed Storage System for Structured Data[J].Acm Transactions on Computer Systems，2008，26(2)：1-26.

[29] BALNE S. Analysis on Research Methods in Bigdata Applications [J]. International Journal of Innovative Research in Computer and Communication Engineering，2020，8(10)：4059-4063.

[30] 陈为，沈则潜，陶煜波. 数据可视化[M]. 北京：电子工业出版社，2013.

[31] 张丹珏. 数据可视化与分析基础[M]. 3 版. 北京：中国铁道出版社，2022.

[32] BOSTOCK M，OGIEVETSKY V，HEER J. D³ Data-Driven Documents[J]. IEEE Transactions on Visualization and Computer Graphics，2011，17(12)：230-239.

[33] 胡举，贺治国，周鼎. 电信运营商大数据平台建设方案与典型应用探讨[J]. 信息通信，2017(10)：252-254.

[34] 张亮. 大数据分析在移动通信网络优化中的应用[J]. 信息通信，2017(5)：26-27.